云计算与虚拟化技术丛书

Serverless Inside Out
Architecture and Practices

深入浅出Serverless

技术原理与应用实践

陈耿 著

机械工业出版社
China Machine Press

图书在版编目（CIP）数据

深入浅出 Serverless：技术原理与应用实践 / 陈耿著 . 一北京：机械工业出版社，2019.1
（2021.6 重印）
（云计算与虚拟化技术丛书）

ISBN 978-7-111-61347-3

I. 深… II. 陈… III. 移动终端 – 应用程序 – 程序设计 IV. TN929.53

中国版本图书馆 CIP 数据核字（2018）第 263164 号

深入浅出 Serverless：技术原理与应用实践

出版发行：机械工业出版社（北京市西城区百万庄大街 22 号 邮政编码：100037）

责任编辑：郎亚妹　　　　　　　　　　　　　责任校对：殷　虹

印　　刷：北京捷迅佳彩印刷有限公司　　　　版　　次：2021 年 6 月第 1 版第 3 次印刷

开　　本：186mm×240mm　1/16　　　　　　印　　张：15.25

书　　号：ISBN 978-7-111-61347-3　　　　　定　　价：69.00 元

　　容器技术是这几年 IT 界的热门话题，各行各业都在研究如何通过容器提升企业软件开发、交付和管理的效率。Docker 和 Kubernetes 的成功使得仅凭几个人也可以轻易管理一个包含上千台机器的庞大的计算集群，并且在这个庞大的集群上部署各种各样的应用。云计算催生了容器技术，而容器技术也改变了云计算。凭借在 Linux 和开源社区的先天优势，这几年 Red Hat 在容器这一领域风光无限。我在 Red Hat 参与了各种类型的容器项目，见证了客户使用容器平台满足其各种各样的需求。容器技术的应用可谓百花齐放，范围涉及微服务、DevOps 到最近的人工智能和深度学习。在当前容器技术如此火热之际，我突然想，容器会是云计算的终点吗？答案当然是否定的。如果容器不是终点，那么什么东西会成为容器之后的又一个技术热点呢？什么样的技术会让云计算更进一步，让 IT 及其所服务的各个行业的生产效率更上一层楼呢？

　　我带着疑问进行了思考和研究。经过一系列调研以及和业界一些朋友的讨论后，我认为 Serverless 将会是继容器之后又一项改变云计算的技术。回顾云计算发展的历程，从物理机到虚拟机，从虚拟机到容器，业界的关注点其实是一点一点地向上层移动的。通过各种技术手段，我们总是努力降低花费在管理基础设施上的时间和精力，以便将更多的时间放在应用和业务上。因此，过去十多年的云计算的历程，其实是一个"去基础架构"的过程。这个过程让用户可以更快速、更简单、更高效地将想法变成应用，变成在线的服务。

　　Serverless 符合云计算发展的方向，让用户可以将关注点放到具体的业务功能上，而不是底层的计算资源上。Serverless 特有的模式存在着潜在的巨大价值。那么，Serverless 会取代容器吗？我相信不会。虽然 Serverless 架构在一些特定的领域会大放异彩，但是容器在未来仍然会是一种重要的应用分发和部署格式。此外容器也将成为许多 Serverless 平台的基础技术，成为 Serverless 实现的基石。在未来，Serverless 与容器将会有许多结合点。

Serverless 还是一个相对较新的技术领域，各种新的观点、技术和开源项目还在不断酝酿和涌现。作为一名架构师，除了要解决企业当下和近期可能面对的问题外，还需要有一定的前瞻性，掌握未来架构可能的选项，才能对未来的架构做出合理决策。作为一名工程师，必须要紧跟技术的脚步，让自己在不断变化的 IT 洪流中屹立不倒。本书写作的初衷正是为希望了解 Serverless 领域现状的架构师和技术人员提供指南和参考。

本书主要内容

本书是一本介绍 Serverless 技术的书籍，可以让想了解 Serverless 的读者快速了解 Serverless 的概念和原理。此外，书中还用大量的篇幅介绍了当前业界最新的 Serverless 平台、框架和工具的原理、架构和使用细节，内容涵盖了公有云和私有云的 Serverless 平台。

全书共分为 11 章，循序渐进、深入浅出地讲解 Serverless 相关的知识和技术。

前三章重点介绍 Serverless 的概念和原理，为读者构建 Serverless 知识体系打下理论基础。第 1 章介绍了 Serverless 的基础知识，让读者了解 Serverless 的概念及其特点。Serverless 的存在不能脱离这个时代，所以第 2 章详细讨论了 Serverless 涉及的云计算的各种技术，如微服务、容器和 DevOps 等，让读者对 Serverless 的理解更加深入。在理解 Serverless 的基础上，第 3 章介绍了业界目前的 Serverless 的各类平台、工具和框架的实现，让读者对该技术领域的现状有更清晰的认识。

第 4 章和第 5 章详细介绍了公有云 Serverless 平台的技术细节。以 AWS Lambda 和微软的 Azure Functions 为例，向读者介绍了当前主流的公有云厂商在 Serverless 领域的实现。

第 6 章是容器技术的速成教程。容器技术是当下云计算重要的基础技术，也是许多 Serverless 平台的实现基础。通过本章读者可以快速了解当下热门的容器技术（Docker 和 Kubernetes）的原理和基本使用技巧。

第 7～10 章针对私有云的 Serverless 计算平台，分别详细介绍了 OpenWhisk、Kubeless、Fission 及 OpenFaaS 的系统架构、核心概念以及使用技巧，帮助读者了解各类 Serverless 平台的技术特点。

第 11 章针对 Serverless 技术的落地给出了具体建议，总结了本书对 Serverless 技术的观点，并对 Serverless 技术的未来进行了展望。

本书亮点

本书是关于 Serverless 与容器的原创著作。Serverless 是当前的一个热门话题，但是大家对 Serverless 概念并不了解。本书整理了业界当前对 Serverless 的主流观点，梳理了 Serverless 技术发展的现状，是一个系统的 Serverless 指南。

- ❑ 最新资讯。原创的 Serverless 著作，为读者呈现业界最新的观点和知识。
- ❑ 纵览大局。对 Serverless 的介绍结合了当下云计算的背景，也结合了容器技术。
- ❑ 细致入微。在介绍原理和观点的同时也讲解了大量 Serverless 平台的技术细节。
- ❑ 互动实操。提供了大量可操作的实验步骤，让读者可以动手体验，加深理解。

本书读者对象

本书介绍了 Serverless 架构的概念、原理以及当前公有云和私有云领域的众多 Serverless 平台的实现，能帮助云计算、容器等领域的软件架构师和技术人员快速了解 Serverless 这一领域的发展现状，为企业和组织的 Serverless 技术选型、转型和落地提供参考。此外，本书涵盖了大量关于当前云计算、容器和 Serverless 领域的观点和话题，因此，也适合作为技术爱好者开阔眼界、增长见闻的指南。

如何阅读本书

如果读者是初次接触 Serverless 的相关知识，推荐按顺序阅读本书的各个章节。通过本书既定的章节顺序，可以循序渐进地了解 Serverless 的相关原理和实现。如果读者对 Serverless 领域已有一定的研究，则可以按需直接阅读感兴趣的章节。

本书引入了大量与 Serverless、云计算、容器和开源软件相关的话题，并针对相关话题给出了相应的参考资料。笔者希望本书是读者研究 Serverless 和云计算相关技术的一张地图，希望通过本书帮助读者找到更多对自身有价值的开源项目和技术。

关于勘误

本书花费了编辑和笔者大量的时间和精力，书中的文字和图表都经过细心斟酌和校对，所有示例的命令和代码都经过笔者亲自验证。但是由于水平有限，且时间仓促，书中难免存在一些瑕疵和需要改进的地方，欢迎读者将对本书的意见和建议发送至笔者的邮箱（nicosoftware@msn.com）进行交流讨论。读者也可以关注笔者的微信公众号"云来有道"，获取关于本书最新的信息和勘误。

致谢

本书的出版得到了许多朋友的帮助。衷心感谢机械工业出版社华章公司的杨福川老师和李艺老师对本书的策划和编审。两位编辑老师为本书的出版花费了大量心血。此外，也感谢我的妻子丽金。她是本书的第一位读者，为本书提供了许多有益的建议，并帮助审校了书中的所有文字。本书的创作占用了我大量的业余时间，感谢她的支持和包容。

谨以此书献给我的妻子和两个宝贝。

Contents 目 录

第 1 章 *Chapter 1*

Serverless 基础

Serverless 架构即"无服务器"架构，它是一种全新的架构方式，是云计算时代一种革命性的架构模式。本章将介绍 Serverless 架构的基本概念和特点。

1.1 什么是 Serverless

与云计算、容器和人工智能一样，Serverless 是这两年 IT 行业的一个热门词汇，它在各种技术文章和论坛上都有很高的曝光度。但是和其他技术不同，Serverless 是一个不太让人能直观理解其含义的概念。按照英文的字面意思直译的话，Serverless 的中文翻译为"无服务器"，听起来很神秘，很多技术圈的朋友一时不能理解其内涵。技术圈中的人们一般称呼 Serverless 为"无服务器架构"。Serverless 不是具体的一个编程框架、类库或者工具。简单来说，Serverless 是一种软件系统架构思想和方法，它的核心思想是用户无须关注支撑应用服务运行的底层主机。这种架构的思想和方法将对未来软件应用的设计、开发和运营产生深远的影响。

提示　在专业领域的文章中，笔者比较不倾向于使用翻译后的专有名词，故本书保留使用 Serverless 一词。

所谓"无服务器"，并不是说基于 Serverless 架构的软件应用不需要服务器就可以运行，其指的是用户无须关心软件应用运行涉及的底层服务器的状态、资源（比如 CPU、内

存、磁盘及网络）及数量。软件应用正常运行所需要的计算资源由底层的云计算平台动态提供。

Serverless 的这种模式颠覆了我们传统意义上对软件应用部署和运营的认识。到底 Serverless 架构和传统的软件架构有什么不同呢？

在传统的场景里，当用户完成了应用开发后，软件应用将被部署到指定的运行环境，这个运行环境一般以服务器的方式体现，可能是物理主机，也可能是虚拟机。根据业务场景的需要，用户会申请一定数量、一定规格（包含一定数量的 CPU、内存及存储空间）的服务器以满足该应用的正常运行。当应用上线后，根据实际的运营情况，用户可能会申请更多的服务器资源进行扩容，以应对更高的访问量。在这个场景里面，用户需要关心服务器总体的数量，以运行足够的应用实例；需要关心每台服务器的资源是否充足，是否有足够的 CPU 和内存；需要关心服务器的状态，因为每台服务器上应用的部署都要花费不少时间和精力。因为用户需要花费大量的时间、精力在服务器这一计算资源的计划、管理和维护上。

在 Serverless 架构下，情况则截然不同。当用户完成应用开发后，软件应用将被部署到指定的运行环境，这个运行环境不再是具体的一台或多台服务器，而是支持 Serverless 的云计算平台。当有客户端请求到达或特定事件发生时，云计算平台负责将应用部署到某台 Serverless 云计算平台的主机中。Serverless 云计算平台保证该主机提供应用正常运行所需的计算资源。在访问量升高时，云计算平台动态地增加应用的部署实例。当应用空闲一段时间后，云计算平台自动将应用从主机中卸载，并回收资源。在这个场景中，用户无须关心应用运行在哪一台服务器上，也不用关心具体需要几台服务器。原本花费在计划、管理和维护具体服务器上的时间和精力在 Serverless 云计算平台的帮助下被省去了。具体的服务器不再是用户关注的焦点，不再是效率提升的障碍。

通过上述两种场景的对比可见，在 Serverless 架构中并不是不存在服务器，而是服务器对用户而言是透明的，不再是用户所操心的资源对象。

你会发现 Serverless 的实现和软件应用所在的 Serverless 云计算平台有着很大的关系。用户之所以不用再关注服务器是因为底层的云计算平台完成了大量的自动化工作。这个云计算平台可以是公有云，如 Amazon Web Services（AWS）、Microsoft Azure、阿里云或腾讯云，也可以是私有云，如通过 OpenStack、Kubernetes 结合一些 Serverless 框架实现。本书将在后面的章节中对公有云和私有环境里 Serverless 的实现进行详细的介绍。

1.2　Serverless 带来的价值

一项技术被广泛认可和采纳的原因往往不是因为这项技术有多新鲜或多酷，最重要的推动力是其能为业务带来巨大的商业或经济价值。Serverless 架构为应用开发和运营带来了全新的思维，从多个方面为 IT 和企业带来价值。

1. 降低运营复杂度

Serverless 架构使软件应用和服务器实现了解耦，服务器不再是用户开发和运营应用的焦点。在应用上线前，用户无须再提前规划服务器的数量和规格。在运维过程中，用户无须再持续监控和维护具体服务器的状态，只需要关心应用的整体状态。应用运营的整体复杂度下降，用户的关注点可以更多地放在软件应用的体验和改进以及其他能带来更高业务价值的地方。

2. 降低运营成本

服务器不再是用户关注的一个受管资源，运营的复杂度下降，应用运营所需要投入的时间和人力将大大降低。在最好的情况下，可以做到少数几个应用管理员即可管理一个处理海量请求的应用系统。

Serverless 的应用是按需执行的。应用只在有请求需要处理或者事件触发时才会被加载运行，在空闲状态下 Serverless 架构的应用本身并不占用计算资源。在大多数的 Serverless 公有云服务中，如 AWS 及 Azure，Serverless 应用只有处于在线状态下才进行计费，在空闲状态下用户则无须支付费用。对比而言，在传统的架构下，应用被部署到服务器后，无论应用是繁忙还是空闲，应用都将占用其所在的服务器资源。在公有云的场景下，这意味着用户需要支付应用所占用的计算资源，无论应用是否在处理请求。

在 Serverless 架构下，用户只需要为处理请求的计算资源付费，而无须为应用空闲时段的资源占用付费。这个特点将为大规模使用公有云服务的用户节省一笔可观的开销。在私有环境中，Serverless 这种按需执行的模式，可以带来更高的资源利用率。

> 🎯提示　虽然 Serverless 应用本身在空闲的状态下并不需要支付费用，但是应用所使用到的一些外部服务（如存储和数据库等）仍然可能会产生相关费用。

3. 缩短产品的上市时间

在 Serverless 架构下，应用的功能被解构成若干个细颗粒度的无状态函数，功能与功能之间的边界变得更加清晰，功能模块之间的耦合度大大减小。这使得软件应用的开发效率更高，应用开发的迭代周期更短。应用所依赖的服务（如数据库、缓存等）可通过平台直接获取，用户无须关心底层细节，因此应用部署的复杂度降低，部署起来更加容易。应用开发和部署的效率提升，使得用户把头脑中的想法变成现实中的代码，然后将代码变成线上运行的服务的这个过程变得前所未有地快速。相对于传统应用，Serverless 架构应用的上市时间（Time To Market，TTM）将大大减少。

4. 增强创新能力

应用的开发和部署效率的提升，使得用户可以用更短的时间、更少的投入尝试新的想法和创意。通过 Serverless 的方法快速做出新创意的应用原型，快速投放给用户使用并获取反馈。如果新的想法获得成功，可以进一步快速对其进行完善和扩展。如果想法不成功，失败所消耗的时间和金钱成本相对于传统的软件应用架构方式而言也是较低的。

1.3 Serverless 的技术实现

作为一种新的思想和方法论，Serverless 可以为企业和用户带来巨大的潜在价值，因此在这几年迅速获得了业界的广泛关注。许多企业和用户都在思考如何能落地和实践 Serverless 这一思想。

1.3.1 理念与实现

首先要明确的一点是，Serverless 是一种软件的架构理念。它的核心思想是让作为计算资源的服务器不再成为用户所关注的一种资源。其目的是提高应用交付的效率，降低应用运营的工作量和成本。以 Serverless 的思想作为基础实现的各种框架、工具及平台，是各种Serverless 的实现（Implementation）。Serverless 不是一个简单的工具或框架。用户不可能简单地通过实施某个产品或工具就能实现 Serverless 的落地。但是，要实现 Serverless 架构的落地，需要一些实实在在的工具和框架作为有力的技术支撑和基础。

随着 Serverless 的日益流行，这几年业界已经出现了多种平台和工具帮助用户进行Serverless 架构的转型和落地。目前市场上比较流行的 Serverless 工具、框架和平台有：

❑ AWS Lambda，最早被大众所认可的 Serverless 实现。
❑ Azure Functions，来自微软公有云的 Serverless 实现。
❑ OpenWhisk，Apache 社区的开源 Serverless 框架。
❑ Kubeless，基于 Kubernetes 架构实现的开源 Serverless 框架。
❑ Fission，Platform9 推出的开源 Serverless 框架。

❑ OpenFaaS，以容器技术为核心的开源 Serverless 框架。

❑ Fn，来自 Oracle 的开源 Serverless 框架，由原 Iron Functions 团队开发。

上面列举的 Serverless 实现有的是公有云的服务，有的则是框架工具，可以被部署在私有数据中心的私有云中。每个 Serverless 服务或框架的实现都不尽相同，都有各自的特点。理论联系实际，在后面的章节里，本书将针对关注度较高的 Serverless 公有云服务（AWS）及私有云 Serverless 框架（OpenWhisk、Fission 及 OpenFaaS）进行详细的介绍。

1.3.2　FaaS 与 BaaS

目前业界的各类 Serverless 实现按功能而言，主要为应用服务提供了两个方面的支持：函数即服务（Function as a Service，FaaS）以及后台即服务（Backend as a Service，BaaS）。Serverless 实现的构成如图 1-1 所示。

1. FaaS

FaaS 提供了一个计算平台，在这个平台上，应用以一个或多个函数的形式开发、运行和管理。FaaS 平台提供了函数式应用的运行环境，一般支持多种主流的编程语言，如 Java、PHP 及 Python 等。FaaS 可以根据实际的访问量进行应用的自动化动态加载和资源的自动化动态分配。大多数 FaaS 平台基于事件驱动（Event Driven）的思想，可以根据预定义的事件触发指定的函数应用逻辑。

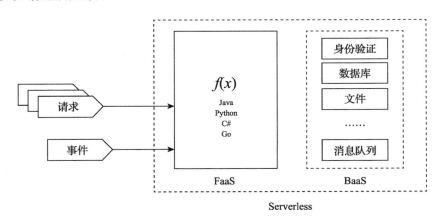

图 1-1　Serverless 实现的构成

目前业界 FaaS 平台非常成功的一个代表就是 AWS Lambda 平台。AWS Lambda 是 AWS 公有云服务的函数式计算平台。通过 AWS Lambda，AWS 用户可以快速地在 AWS 公有云上构建基于函数的应用服务。

AWS Lambda 主页：https://aws.amazon.com/lambda/。

FaaS 是目前 Serverless 架构实现的一个重要手段。FaaS 平台的特点在很大程度上影响了目前 Serverless 应用的架构和实现方式。因此，有一部分人认为 FaaS 等同于 Serverless，比如很多人将 AWS Lambda 称为 AWS 的 Serverless，认为 AWS Lambda 就是 AWS Serverless 的全部功能。这些年，随着技术的发展，大家对 Serverless 研究的不断深入，目前业界主流的观点是 Serverless 和 FaaS 并不是等同关系，而是包含和被包含关系。FaaS 平台是一个完整的 Serverless 实现的重要组成部分，仅仅通过 FaaS 平台并不能完全实现 Serverless 架构的落地。

FaaS 为应用的开发、运行和管理提供良好的 Serverless 基础。将应用部署在 FaaS 上，用户无须关注应用运行所需要的底层服务器资源。但是当代的应用并不是孤立存在、单独运行的，一个完整的应用系统往往依赖于一些第三方服务，比如数据库、分布式缓存及消息队列等。如果这些服务还是以传统的方式运维，则意味着用户还是需要耗费时间和精力对这些服务所需的服务器资源进行管理。在这种情况下，就应用程序本身而言，这是实现了 Serverless 化，但是对应用整体系统而言，并没有完全实现 Serverless 化。因此，在实现应用架构 Serverless 化时，也应该实现应用所依赖的服务的 Serverless 化。

2. BaaS

为了实现应用后台服务的 Serverless 化，BaaS（后台即服务）也应该被纳入一个完整的 Serverless 实现的范畴内。通过 BaaS 平台将应用所依赖的第三方服务，如数据库、消息队列及存储等服务化并发布出来，用户通过向 BaaS 平台申请所需要的服务进行消费，而不需要关心这些服务的具体运维。

BaaS 涵盖的范围很广泛，包含任何应用所依赖的服务。一个比较典型的例子是数据库即服务（Database as a Service，DBaaS）。许多应用都有存储数据的需求，大部分应用会将数据存储在数据库中。传统情况下，数据库都是运行在数据中心里，由用户运维团队负责运维。在 DBaaS 的场景下，用户向 DBaaS 平台申请数据库资源，而不需要关心数据库的安装部署及运维。AWS 的 DynamoDB 数据库就是 DBaaS 的一个例子。用户按需申请使用数据库服务，而无须关注数据库的运维和缩扩容。数据库的运维完全由服务提供方 AWS 负责。

AWS DynamoDB 主页：https://aws.amazon.com/dynamodb/。

DBaaS 只是一个例子，通过 BaaS 平台应用将其所使用的任何第三方后台服务都进行 Serverless 化，使得用户可以不再关注所依赖的服务底层计算资源的运维，极大地减少了应用运维工作量和成本。

要实现完整的 Serverless 架构，用户必须结合 FaaS 和 BaaS 的功能，使得应用整体的系统架构实现 Serverless 化，最大化地实现 Serverless 架构所承诺带来的价值。因此，一个完整的 Serverless 实现，必须同时提供 FaaS 和 BaaS 两个方面的功能。当我们在考察一个 Serverless 平台或解决方案的时候，应该全面地考察这个平台或方案在 FaaS 及 BaaS 两个方面分别提供了哪些支持，以及在多大程度上可以让底层的服务器这一基础架构资源消失在用户的关注列表中。

1.4　Serverless 应用架构

要实现 Serverless 的理念，除了要有相关的工具、框架和平台提供 Serverless 实现的支持外，对于应用程序本身也有架构上的要求，让应用从架构层面上适应 Serverless 化的运行和管理环境，以获得 Serverless 架构的价值最大化。下面我们通过一个简单的例子观察 Serverless 架构下的应用与传统架构下的应用的异同。

1.4.1　传统应用架构

图 1-2 所示的是一个订单应用程序的架构图。这是一个常见的传统应用设计和部署架构，应用程序部署在数据中心的主机上。在一个应用的交付件（Deliverable）中包含了多个功能，如订单创建、订单查询和订单修改等。应用数据存储在外部数据库中。数据库和应用一样，也部署在数据中心的主机上，由用户负责运维。这是目前大多数企业中应用的设计和部署架构，在业界已经沿用多年，相信有一定 IT 工作经验的读者一定不会感到陌生。为了获得同样的订单管理功能，在 Serverless 架构下应该如何实现呢？

1.4.2　Serverless 应用架构

图 1-3 是 Serverless 架构下的应用架构图。这个应用实现的功能和前文的应用一样，即为用户提供订单的增删查改服务。应用被部署在 Serverless 平台之上。应用的功能点变成若干个函数定义，部署于 FaaS 之中。数据仍然存放在后端数据库中。应用函数通过访问后端的数据库服务获取订单数据。

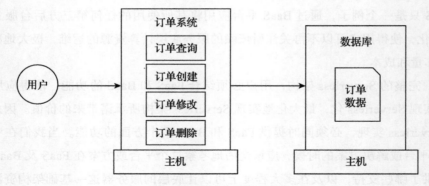

图 1-2　传统应用架构图

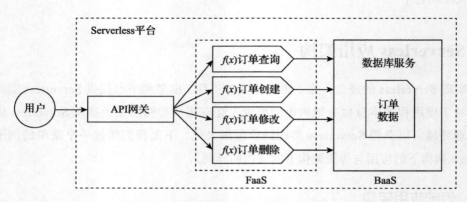

图 1-3　Serverless 应用架构图

1.4.3　两种架构的比较

通过对上面两个应用架构图的观察，不难发现 Serverless 架构下的应用和传统架构下的应用有如下相同的地方：

❑ 两个应用都存在一个逻辑层，负责处理用户请求；

❑ 两个应用的数据都存储在应用外部的数据库中。

这两个架构不同的地方是：

❑ 传统架构的应用部署在主机之上，而 Serverless 架构的应用部署于 Serverless 平台之上，由 Serverless 平台提供运行所需的计算资源。

❑ 传统架构的应用里，所有的逻辑都集中在同一个部署交付件中。Serverless 应用的逻辑层部署运行在 Serverless 平台的 FaaS 服务之上。因此，应用的逻辑被打散成多个独立的细颗粒度的函数逻辑。因为业务逻辑运行在 FaaS 服务之上，所以相关的业务逻辑拥有事件驱动、资源自动弹性扩展、高可用等特性。用户也无须运维业务逻辑所消耗的计算资源。

- □ Serverless 架构的应用所依赖的数据库从具体的特定数据库实例，变成了数据库服务。用户无须关注数据库所消耗的计算资源的运维。
- □ 在 Serverless 架构下，由于应用的逻辑分散成了若干个函数，推荐通过 API 网关对这些函数逻辑进行统一的管控（如流量控制、安全管控、版本管理等）。在完备的 Serverless 平台上，API 网关也会作为一种用户可以快速消费的服务而存在。
- □ 在 Serverless 架构下，具体的主机资源不再是用户关注的对象，不存于应用架构图中。取而代之的是 Serverless 平台及其子服务，如 FaaS 和各类 BaaS 服务。

Serverless 平台的 FaaS 及 BaaS 的功能提供了实现 Serverless 架构理念的技术基础。FaaS 是 Serverless 应用的标准运行环境，BaaS 是 Serverless 应用访问第三方依赖的标准途径。Serverless 应用架构的演化其实就是应用为了适应 Serverless 平台的 FaaS 和 BaaS 的一个过程，使得应用的架构可以最大化 FaaS 和 BaaS 所带来的价值。

上面的例子只是一个简化的原型，在实际项目中，根据场景的不同，不同 Serverless 应用架构的具体实现将会有很大的不同。虽然不同应用的架构不同，但是最终要实现的目标还是一致的，那就是实现 Serverless 这一理念所强调的"无服务器"化。

1.5　Serverless 的技术特点

为了实现解耦应用和服务器资源，实现服务器资源对用户透明，与传统架构相比，Serverless 架构在技术上有许多不同的特点。

1. 按需加载

在 Serverless 架构下，应用的加载（load）和卸载（unload）由 Serverless 云计算平台控制。这意味着应用不总是一直在线的。只有当有请求到达或者有事件发生时才会被部署和启动。当应用空闲至一定时长时，应用会被自动停止和卸载。因此应用并不会持续在线，不会持续占用计算资源。

2. 事件驱动

Serverless 架构的应用并不总是一直在线，而是按需加载执行。应用的加载和执行由事件驱动，比如 HTTP 请求到达、消息队列接收到新的信息或存储服务的文件被修改了等。通过将不同事件来源（Event Source）的事件（Event）与特定的函数进行关联，实现对不同事件采取不同的反应动作，这样可以非常容易地实现事件驱动（Event Driven）架构。

3. 状态非本地持久化

云计算平台自动控制应用实例的加载和卸载，且应用和服务器完全解耦，应用不再与特定的服务器关联。因此应用的状态不能，也不会保存在其运行的服务器之上，不能做到传统意义上的状态本地持久化。

4. 非会话保持

应用不再与特定的服务器关联。每次处理请求的应用实例可能是相同服务器上的应用实例，也可能是新生成的服务器上的应用实例。因此，用户无法保证同一客户端的两次请求由同一个服务器上的同一个应用实例来处理。也就是说，无法做到传统意义上的会话保持（Sticky Session）。因此，Serverless 架构更适合无状态的应用。

 提示　别担心，这并不是说 Serverless 架构下就无法妥善地处理有状态的场景，后续章节将对此进行详细讨论。

5. 自动弹性伸缩

Serverless 应用原生可以支持高可用，可以应对突发的高访问量。应用实例数量根据实际的访问量由云计算平台进行弹性的自动扩展或收缩，云计算平台动态地保证有足够的计算资源和足够数量的应用实例对请求进行处理。

6. 应用函数化

每一个调用完成一个业务动作，应用会被分解成多个细颗粒度的操作。由于状态无法本地持久化，这些细颗粒度的操作是无状态的，类似于传统编程里无状态的函数。Serverless 架构下的应用会被函数化，但不能说 Serverless 就是 Function as a Service（FaaS）。前文也提过，在笔者看来，这样的认识并不准确。Serverless 涵盖了 FaaS 的一些特性，可以说 FaaS 是 Serverless 架构实现的一个重要手段。关于 FaaS 的详细信息，我们将在后续的章节中进行深入的介绍和讨论。

7. 依赖服务化

当今的应用往往有各种各样的依赖，比如消息队列、数据库、缓存。如果应用只是摆脱了服务器的限制，而其依赖的各种外部服务仍然部署在各种用户管理的服务器之上，那么应用的整体部署、扩展及运营则仍然将受到服务器这一慢资源的制约。因此，在 Server-less 架构下的应用的依赖应该服务化和无服务器化，也就是实现 Backend as a Service（BaaS）。所有应用依赖的服务都是一个个后台服务（Backend Service），应用通过 BaaS 方便获取，而无须关心底层细节。和 FaaS 一样，BaaS 是 Serverless 架构实现的另一个重要组件。在后面的章节中，我们将详细介绍和讨论关于 BaaS 的相关话题。

1.6　Serverless 的应用场景

通过将 Serverless 的理念与当前 Serverless 实现的技术特点相结合，Serverless 架构可以适用于各种业务场景。下面是其中的一些例子。

1. Web 应用

Serverless 架构可以很好地支持各类静态和动态 Web 应用。比如，当前流行的 RESTful API 的各类请求动作（GET、POST、PUT 及 DELETE 等）可以很好地映射成 FaaS 的一个个函数，功能和函数之间能建立良好的对应关系。通过 FaaS 的自动弹性扩展功能，Serverless Web 应用可以很快速地构建出能承载高访问量的站点。

举一个有意思的例子，为了应对每 5 年一次的人口普查，澳大利亚政府耗资近 1000 万美元构建了一套在线普查系统。但是由于访问量过大，这个系统不堪重负而崩溃了。在一次编程比赛中，两个澳大利亚的大学生用了两天的时间和不到 500 美元的成本在公有云上构建了一套类似的系统。在压力测试中，这两个大学生的系统顶住了类似的压力。

参考来源：https://medium.com/serverless-stories/challenge-accepted-building-a-better-australian-census-site-with-serverless-architecture-c5d3ad836bfa。

---

2. 移动互联网

Serverless 应用通过 BaaS 对接后端不同的服务而满足业务需求，提高应用开发的效率。前端通过 FaaS 提供的自动弹性扩展对接移动端的流量，开发者可以更轻松地应对突发的流量增长。在 FaaS 的架构下，应用以函数的形式存在。各个函数逻辑之间相对独立，应用更新变得更容易，使新功能的开发、测试和上线的时间更短。

部分移动应用的大部分功能都集中在移动客户端，服务端的功能相对比较简单。针对这类应用，开发者可以通过函数快速地实现业务逻辑，而无须耗费时间和精力开发整个服务端应用。

3. 物联网

物联网（Internet of Things，IoT）应用需要对接各种不同的数量庞大的设备。不同的设备需要持续采集并传送数据至服务端。Serverless 架构可以帮助物联网应用对接不同的数据输入源。用户可以省去花费在基础架构运维上的时间和精力，把精力集中在核心的业务逻辑上。

4. 多媒体处理

视频和图片网站需要对用户上传的图片和视频信息进行加工和转换。但是这种多媒体转换的工作并不是无时无刻都在进行的，只有在一些特定事件发生时才需要被执行，比如用户上传或编辑图片和视频时。通过 Serverless 的事件驱动机制，用户可以在特定事件发生时触发处理逻辑，从而节省了空闲时段计算资源的开销，最终降低了运维的成本。

5. 数据及事件流处理

Serverless 可以用于对一些持续不断的事件流和数据流进行实时分析和处理，对事件和数据进行实时的过滤、转换和分析，进而触发下一步的处理。比如，对各类系统的日志或社交媒体信息进行实时分析，针对符合特定特征的关键信息进行记录和告警。

6. 系统集成

Serverless 应用的函数式架构非常适合用于实现系统集成。用户无须像过去一样为了某些简单的集成逻辑而开发和运维一个完整的应用，用户可以更专注于所需的集成逻辑，只编写和集成相关的代码逻辑，而不是一个完整的应用。函数应用的分散式的架构，使得集成逻辑的新增和变更更加灵活。

1.7　Serverless 的局限

前文我们探讨了 Serverless 的理念及特点，介绍了许多 Serverless 的优点和价值。和其他很多的技术一样，世界上没有能解决所有问题的万能解决方案和架构理念。Serverless 有它的特点和优势，但是同时也有它的局限。有的局限是由其架构特点决定的，有的是目前技术的成熟度决定的，毕竟 Serverless 还是一个起步时间不长的新兴技术领域，在许多方面还需要逐步完善。

1. 控制力

Serverless 的一个突出优点是用户无须关注底层的计算资源，但是这个优点的反面是用户对底层的计算资源没有控制力。对于一些希望掌控底层计算资源的应用场景，Serverless 架构并不是最合适的选择。

2. 可移植性

Serverless 应用的实现在很大程度上依赖于 Serverless 平台及该平台上的 FaaS 和 BaaS 服务。不同 IT 厂商的 Serverless 平台和解决方案的具体实现并不相同。而且，目前 Serverless 领域尚没有形成有关的行业标准，这意味着用户将一个平台上的 Serverless 应用移植到另一个平台时所需要付出的成本会比较高。较低的可移植性将造成厂商锁定（Vendor Lock-in）。这对希望发展 Serverless 技术，但是又不希望过度依赖特定供应商的企业而言是一个挑战。

3. 安全性

在 Serverless 架构下，用户不能直接控制应用实际所运行的主机。不同用户的应用，或者同一用户的不同应用在运行时可能共用底层的主机资源。对于一些安全性要求较高的应用，这将带来潜在的安全风险。

4. 性能

当一个 Serverless 应用长时间空闲时将会被从主机上卸载。当请求再次到达时，平台需要重新加载应用。应用的首次加载及重新加载的过程将产生一定的延时。对于一些对延时敏感的应用，需要通过预先加载或延长空闲超时时间等手段进行处理。

5. 执行时长

Serverless 的一个重要特点是应用按需加载执行，而不是长时间持续部署在主机上。目前，大部分 Serverless 平台对 FaaS 函数的执行时长存在限制。因此 Serverless 应用更适合一些执行时长较短的作业。

6. 技术成熟度

虽然 Serverless 技术的发展很快，但是毕竟它还是一门起步时间不长的新兴技术。因此，目前 Serverless 相关平台、工具和框架还处在一个不断变化和演进的阶段，开发和调试的用户体验还需要进一步提升。Serverless 相关的文档和资料相对比较少，深入了解 Serverless 架构的架构师、开发人员和运维人员也相对较少，但是也许这在某种程度上而言是一个机会。

1.8　本章小结

通过本章的介绍，我们了解了 Serverless 的内涵、实现、特点、价值及局限。作为一种软件的架构思想，Serverless 强调的是让底层的计算资源不再成为用户的关注点，简化应用运营的复杂度，从而提高运营的效率，缩短应用上市的时间。Serverless 架构的许多特点使得其在众多场景下能解决传统架构难以解决的问题，为企业 IT 和业务带来巨大的价值。在了解和拥抱 Serverless 技术的过程中，我们要清晰地认识到 Serverless 的优点和局限，以发挥这个架构所能带来的最大价值。

在第 2 章，我们将介绍与 Serverless 相关的技术和理念，了解它们和 Serverless 之间的联系，以深化我们对 Serverless 的理解。

第 2 章 Chapter 2

Serverless 与相关技术

IT 是一个永远都不消停的行业，在这个行业里不断有各种各样新的名词和技术诞生。作为一个热门词汇，Serverless 并不孤单，和它一起受到广泛关注的还有诸如微服务（Microservice）、容器（Container）和云等。其实这些技术之间有着很强的关联关系。正确地理解 Serverless 和其他技术的关系，是正确理解 Serverless 架构的一个重要基础。要深入理解 Serverless，需要结合当下业界发展的整个大环境和趋势进行思考。

2.1 云计算

到目前为止，云计算（Cloud Computing）的出现是 21 世纪 IT 业界最重大的一次变革。作为一种计算资源的组织和运作方式，云计算为 IT 业界的方方面面带来了巨大的改变，推动了一波又一波的技术变革。

2.1.1 从私有数据中心到云

按所管控的计算资源的范围来划分，当前的云计算模式可以分为基础架构即服务（Infrastructure as a Service）、平台即服务（Platform as a Service，PaaS）以及软件即服务（Software as a Service，SaaS）。

如图 2-1 所示，在云计算传统的私有数据中心架构中，让一个应用服务上线跑起来，用户需要负责管理和维护从上到下整个堆栈中的所有资源——从底层网络、存储和主机，到操作系统、中间件，以及应用的开发、部署及运维。这种模式让用户对整个堆栈的各个层次有很强的控制力，这曾经是标准的架构模式。但是随着整个社会经济生活节奏的加快，社会竞争的加剧，业务对 IT 的要求在不断提高。为了配合业务的创新和推广，支撑业务的应用服务要更快地上线、更频繁地更新、更迅速地扩容。在传统的架构模式中，每上线一个应用服务，都要求用户对架构堆栈中每一个层次的服务进行配置和维护，这极大地拖慢了整体的流程效率，因此难以满足 IT 的敏捷化需求。传统的架构限制了生产力的发展，于是云计算的变革悄然而至。

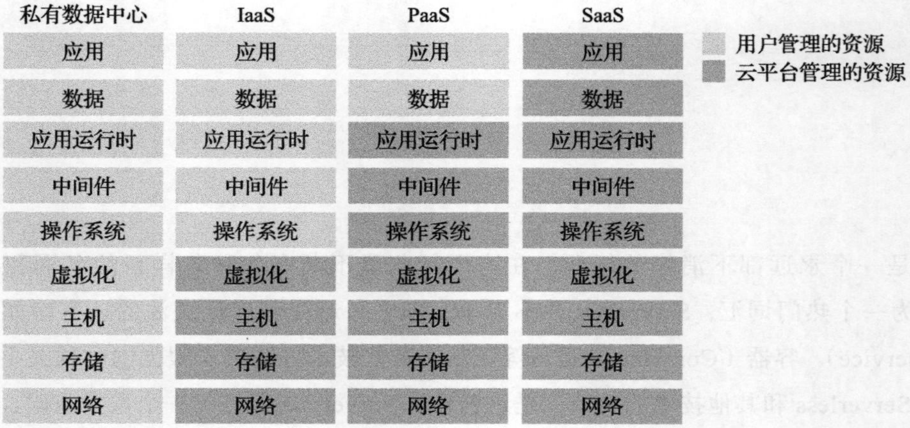

私有数据中心	IaaS	PaaS	SaaS	
应用	应用	应用	应用	□ 用户管理的资源
数据	数据	数据	数据	■ 云平台管理的资源
应用运行时	应用运行时	应用运行时	应用运行时	
中间件	中间件	中间件	中间件	
操作系统	操作系统	操作系统	操作系统	
虚拟化	虚拟化	虚拟化	虚拟化	
主机	主机	主机	主机	
存储	存储	存储	存储	
网络	网络	网络	网络	

图 2-1　各类云计算服务与传统模式的对比

2.1.2　IaaS、PaaS 与 SaaS

在 IaaS 架构中，应用架构底层的网络、存储和计算资源（主机、物理机或虚拟机）不再属于用户的管理范围。这些资源由云平台供应商（Cloud Provider）提供和运维。用户在云平台上付费申请所需的网络、存储和计算资源，云平台供应商在一定时间内提供。对于用户而言，这大大减少了底层基础架构管理的工作量，提高了管理的灵活度。对于云平台供应商而言，集中化和规模化地运维及供给使得基础架构资源的成本更低，这是一个不可多得的商机。

IaaS 减轻了用户管理基础架构的负担。PaaS 则是在这个基础上让用户只关注应用服务。PaaS 平台提供了应用的运行环境（如应用运行时）、应用依赖的服务（如数据库、中间件、负载均衡、构建服务、发布服务）以及底层所需的计算资源，用户可以把精力集中在应用的开发和创新上。PaaS 模式可以提高应用开发、发布和运维的整体效率，有效缩短了应用上市的时间（Time to Market）。沿着 IaaS 和 PaaS 的思路前行，在 SaaS 模式下，用户完全不用管理任何应用和基础设施，从而变成云服务的消费者。

　　如图 2-2 所示，从 IaaS、PaaS 和 SaaS 的对比可以看出，通过将应用架构堆栈中各类资源的管理权委托给云计算平台，用户获得了更大的自由度和更低的管理成本。Serverless 的思路其实也如出一辙，即将服务器这一资源从用户的管理职权中消除，从而减轻用户的负担，提高应用运营的效率。

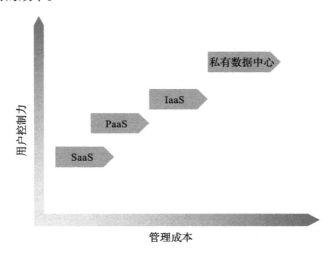

图 2-2　各个云计算类型的自由度与管理成本对比

2.1.3　Serverless 与云计算

　　Serverless 和云计算的发展是紧密联系的。Serverless 是云计算变革过程中的一个必然产物。Serverless 架构实现的一个重要基础是函数即服务（Function as a Service，FaaS）。如图 2-3 所示，FaaS 的灵活度和管理成本介于 PaaS 和 SaaS 之间。相对于 PaaS 而言，FaaS 有更高的抽象程度和更低的管理成本。相对于 SaaS 来说，FaaS 用户有更高的控制力和灵活度。Serverless 架构是对开发和运维的一场解放运动，让用户的焦点回到用户应该关注的地方，回到更有价值的地方，从而进一步提高软件应用的开发和运营的生产力。

　　毫无疑问，Serverless 的出现和日益流行，标志着人们对应用和云计算平台之间的关系有了一个全新的认识。云计算的不断发展是 Serverless 发展和流行的最大推动因素。Serverless 是云计算未来发展的一个方向。笔者认为，一个人对 Serverless 的理解和认识应该结合云计算发展的大背景，一个企业或组织对 Serverless 的布局应该结合该企业或组织的云战略。

私有数据中心	IaaS	PaaS	FaaS	SaaS	
应用	应用	应用	函数	应用	■ 用户管理的资源
数据	数据	数据	数据	数据	■ 云平台管理的资源
应用运行时	应用运行时	应用运行时	应用运行时	应用运行时	
中间件	中间件	中间件	中间件	中间件	
操作系统	操作系统	操作系统	操作系统	操作系统	
虚拟化	虚拟化	虚拟化	虚拟化	虚拟化	
主机	主机	主机	主机	主机	
存储	存储	存储	存储	存储	
网络	网络	网络	网络	网络	

图 2-3　FaaS 与各云计算类型的对比

2.2　微服务

2.2.1　从 SOA 到微服务

从十多年前的面向服务架构（Service Oriented Architecture，SOA）转型开始，业界一直在寻找更灵活的软件架构，以便于更迅速地响应业务的变化。传统的应用倾向于在一个应用中囊括多个不同的功能模块。SOA 时代提倡的是应用系统对外暴露功能并提供服务，通过服务的组合形成新的应用。在 SOA 架构下，应用通过服务暴露功能，实现了彼此信息的交换和集成，使得通过服务的组合和编排形成新的应用系统成为可能。但是多个模块和功能仍然被包含在同一个应用中、同一个交付件中，这使得各个模块的功能相互交缠，彼此制约。

为了解决 SOA 没有解决的问题，业界出现了微服务架构（Microservice Architecture，MSA）这一思想。微服务架构提倡将应用化整为零，减小颗粒度。如图 2-4 所示，大型的应用（Monolithic Application）按照一定的规则被拆分成若干个颗粒度更小的应用。这些细小的应用称为微服务（Microservice）。

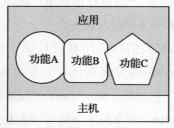
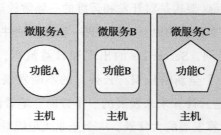

图 2-4　微服务架构示意图

2.2.2　微服务的价值与挑战

微服务的出现，突破了传统单体应用架构的制约，增加了应用架构的灵活度，为应用的开发和交付带来了价值。

- ❑ 更清晰的权责。在微服务架构下，应用的颗粒度变小，每一个微服务尽可能只做一件事情，并将这件事情做好。各个微服务之间的职能边界变得更清晰。
- ❑ 更快速的开发和交付节奏。每一个微服务都可以独立地被开发，可以有自己的开发和交付节奏。每一个微服务都可以被独立地部署，可以有独立的上线和更新节奏。应用系统的更新不再牵一发而动全身，应用更新的节奏将更快。
- ❑ 更灵活的资源扩展。每一个微服务可以独立地部署和运行，因此可以独立地为每个服务进行扩容和缩容，而不影响其他服务。

微服务架构在带来价值的同时也带来了一些新的挑战，在落地实践微服务架构时，用户必须思考如何解决这些挑战。

- ❑ 团队组织变化。微服务架构的引入使得应用架构化整为零。应用架构的改变也将导致开发应用的开发团队结构发生变化。用户必须克服和适应组织变化带来的影响。
- ❑ 运维复杂度。单体应用化整为零，意味着需要运维管理的应用实例数将大大增加。原本只需要部署管理一个应用实例的单体应用，在微服务架构下工作量呈指数级增长。用户需要通过有效的手段降低运维的复杂度，容器是一个好的解决方案。
- ❑ 微服务治理。微服务之间的通信、调用链的跟踪管理、状态监控、错误跟踪排查等都需要相应的解决方案。

关于微服务的更详细介绍，推荐参考 ThoughtWorks 的 Martin Fowler 的文章《Micro-services Guide》，地址为 https://martinfowler.com/microservices/。

2.2.3　Serverless 与微服务

与 Serverless 相似，微服务也是云计算发展的产物。云计算平台解决了基础架构利用的效率瓶颈，为应用提供更方便的基础服务（如构建、更新、扩容、高可用、错误自恢复等）。微服务架构从应用架构的层面入手，为未来的应用从架构层面上更契合云计算平台提供了各种服务和资源，进一步提高了应用开发和交付的效率。

Serverless 和微服务两种架构都强调功能的解构。两者都强调最小的成员单位专注于做一件事情，做好一件事情。但是微服务架构中的最小成员单位是微服务，而 Serverless 架构中的最小成员单位是函数。Serverless 和微服务的目的是一致的，那就是提高应用开发、交付上线的效率。但是两者侧重点不同。微服务强调化整为零，提高应用架构灵活度。Serverless 强调的是"减负"，即将服务器移出用户的管理职责范围，从而降低管理复杂度和成本。

在微服务架构下，系统化整为零，架构上带来灵活性的同时，也增加了开发、部署和运维的复杂度。虽然通过容器等技术可以降低相关的复杂度，但是对比而言，Serverless 应用的开发和运维的效率更高，管理成本更低。

Serverless 是一种具有前瞻性的技术，那么现在许多组织和企业在推进的微服务架构是不是都是徒劳的呢？答案是否定的。Serverless 架构的实现有一个很重要的前提，那就是需要一个强大的智能云计算平台，无论是公有云还是私有云。目前而言，并不是每一家企业或组织都具备这个条件。再者，没有一个架构是完美的，Serverless 也有它的限制，不是每一个场景都适合引入 Serverless 架构。

2.3 容器

2.3.1 容器技术的兴起

随着云计算的日益流行，用户对云的接受程度也日益提升。用户的计算资源从原有的私有数据中心扩展至云计算平台。应用仍然是用户关注的一个核心问题。随着计算资源边界的扩张，应用也需要从私有数据中心迁移到云上。对于很多用户而言，云和非云环境并不是二选一，而是两者都需要。云和非云环境在相当长的一段时间内将同时存在。应用如何快速地在云和非云环境中迁移成为一个重要的问题。此外，越来越多的用户在他们的云战略中包含了不止一个云。为了有更高的可用性，避免厂商的锁定，一些实力雄厚的客户往往同时是多家云平台供应商的客户。因此实现应用在不同云环境中的快速迁移也成为一个重要的需求。

混合云环境的示意图如图 2-5 所示。

图 2-5 混合云环境

在 IaaS 模式下，云平台底层的计算资源是以物理机（Bare Metal）或虚拟机的形式提供的，这些计算资源过于"笨重"，难以在不同的环境中被快速地"移动"。通过 IaaS，用户可以方便快速地获取大量的计算资源：主机。但是应用并不能直接消费主机。用户必须在主机上安装应用所需要的中间件，添加应用所需要的系统配置，然后再对应用进行配置才行，这些工作都拖慢了整个应用交付流程的节奏。相对而言，PaaS 则没有这些效率低下的步骤，用户只需要关注应用，无须过度关注底层。但是传统 PaaS 的一个问题在于，PaaS 平台对应用有入侵性。为了享用 PaaS 平台提供的一些高级功能，应用必须在代码中引入 PaaS 平台的 API。这种入侵性导致应用在不同云环境中的迁移变得困难。

容器（Container）技术的出现为前文提及的问题提供了一个很好的解决方案。容器技术以一种称为容器镜像（Container Image）的打包格式为基础，扩大了应用交付件的边界。与以往应用交付件只包含应用本身不同，容器镜像中不仅包含编译构建后的应用，还包含应用所依赖的中间件、类库和操作系统设置等配置，可以为应用的运行提供一个完整的环境。以操作系统的内核为基础，容器引擎在主机之上可以快速实例化容器镜像，生成一个或多个容器实例。容器技术的出现，解决了应用消费主机资源效率低下的问题，使得应用可以被快速地部署到庞大的计算集群中去。容器以操作系统内核为基础，保证了可移植性，让应用可以在不同的云环境中，甚至不同的非云环境中被方便地迁移。与 IaaS 相比，容器比虚拟机和物理机更加小巧和灵活，便于在不同环境之间传输。与传统的 PaaS 相比，容器有更清晰的边界，对应用没有入侵性，极大地提高了应用的可迁移性。

经过几年的迅速发展，容器已经不容置疑地成为云计算的一项关键基础技术。Docker（现在已经更名为 Moby 项目）已成为容器引擎的事实标准。Kubernetes 也在竞争中脱颖而出，成为容器编排（Orchestration）平台的事实标准。通过 Kubernetes 这样的容器编排平台，容器镜像可以快速地被部署到成百上千的主机上。Kubernetes 成为一种类似操作系统的存在，有的人认为 Kubernetes 就是一种云操作系统。传统的操作系统只管理一台主机上的 CPU、内存、磁盘和网络资源，而 Kubernetes 则掌控着数据中心中成百上千台主机的资源。

2.3.2　Serverless 与容器

容器和 Serverless 在技术上有相同的地方，如结合容器的特点和 Kubernetes 这种容器编排平台，用户可以实现对容器应用的自动弹性伸缩。Kubernetes 对底层的主机资源进行抽象，在一般场景下，用户也不关注容器应用具体运行在什么主机上。与 Serverless 类似，容器应用的部署和扩容的效率也很高。不同的地方在于，容器架构中最小的运行单元是容器，而 Serverless 中则是函数。容器应用一般是预先部署，然后持续在线。而在 Serverless 架构中，应用是按需加载和执行的。这意味着理论上 Serverless 的资源使用效率更高。

其实，容器技术可以是 Serverless 架构实现的一个基础。容器平台的最小运行单元为容器，虽然目前容器内一般运行的是一个完整的应用，但是将容器内运行的对象变成函数显然并无技术困难。Kubernetes 上默认没有事件触发的支持，无法做到按需部署容器应用。但是通过 Kubernetes 叠加上一些 FaaS 框架运行包含函数逻辑的容器，用户很容易使 Kubernetes 具备 FaaS 服务的能力，如图 2-6 所示。同时，Kubernetes 也可以作为基础平台实现各类应用所依赖的服务（如缓存、图像处理、数据库及 AI 等）的云化。当服务足够丰富时，可形成一个完备的 BaaS 平台。笔者相信，容器必将是未来私有云构建 Serverless 能力的一个重要实现基础。

Kubernetes 是 Google 开源的一个容器编排项目，为用户提供一个跨平台的容器部署和管理解决方案。有关 Kubernetes 的更多详细信息可以参考其主页：https://kubernetes.io。

图 2-6　基于 Kubernetes 的 Serverless 平台架构

2.4　PaaS

2.4.1　以应用为中心

IaaS 模式的云平台一经推出很快获得了成功，它将用户从基础架构的管理中释放了出来。但是基础架构只是手段，用户最关心的还是业务，而业务在 IT 中的载体是应用。因此，业界有人认为，云平台可以更进一步，直接提供以应用为中心的平台服务。用户可以在这个平台上发布源代码或者二进制，由平台自动构建、部署，同时提供运行时环境、负载均衡、高可用等服务。于是，平台即服务（Platform as a Service，PaaS）开始流行起来。

从技术标准上而言，早期的 PaaS 可以说是百家争鸣，每一个厂商都有自己的一套技术堆栈，如公有云的服务比较成功的有 Heroku、Google Application Engine 和 Salesforce 等，私有云的 PaaS 解决方案有 CloudFoundry 和 OpenShift 等。随着容器技术的流行，目前 PaaS 平台开始支持容器作为应用的交付件，这使得应用在各个 PaaS 之间有更好的可移植性。

2.4.2　Serverless 与 PaaS

与 Serverless 类似，PaaS 用户可以将大部分精力放在应用的开发上，PaaS 平台负责提供应用运行所需要的底层资源。有人甚至认为，如果一个 PaaS 实现了应用实例的自动化弹性扩展，而且应用的启动速度足够快，执行时间足够短，那么基本上这个 PaaS 平台也可以被看作 Serverless 平台。

纵观目前一些主流的 PaaS 平台和 Serverless 平台，这两种平台之间的主要差异在于：

❑ 管理的颗粒度不同。PaaS 对应用颗粒度的管理以应用为单位，而 Serverless 的管理颗粒度则细致到每个应用的函数。因此目标运行平台选择 PaaS 平台还是 Serverless 平台，将会极大地影响应用的架构设计。

❑ 应用部署模式不同。在 PaaS 平台上，应用是持续地被部署在主机、虚拟主机中（包括容器，容器可以被看作轻量化的虚拟机）。而 Serverless 平台的应用是按需部署，这是 Serverless 的按用量付费（Pay-As-You-Use）模型的基础。

❑ 作业类型不同。PaaS 平台上支持的应用类型跨度比较大，包含长时间运行的应用（如各类 Web 应用和业务系统）和定时执行的短期任务（如数据分析抽取任务）。而 Serverless 更偏向于执行时间跨度比较短的任务。

❑ 对于实例的态度不同。在许多 PaaS 平台上，还是存在应用实例数这一概念的，用户需要设置每一个实例的 CPU 和内存的使用大小以及需要的实例数。而 Serverless 将实例数的概念移除了。

前面我们讨论过，容器可以是 Serverless 平台实现的一个技术基础。当前许多 PaaS 平台也开始支持容器，或是以容器作为技术架构的基础，如 Red Hat 的 OpenShift 就是一个以 Docker 和 Kubernetes 为基础的开源容器 PaaS。基于这种容器 PaaS 平台，结合 FaaS 和 BaaS 框架的支持，用户可以实现私有的 Serverless 平台。

OpenShift 是基于 Kubernetes 的一个开源容器 PaaS 平台，如果希望了解更多关于开源容器平台 OpenShift 的信息，可以参考机械工业出版社出版的《开源容器云 OpenShift》一书，或访问 Red Hat OpenShift 的主页 https://www.openshift.com，以及 OpenShift 的开源项目主页 https://www.openshift.org。

2.5 FaaS

2.5.1 Serverless 实现的基础

函数即服务（Function as a Service，FaaS）是当前 Serverless 实现的技术基础。FaaS 的一个鲜明特点是，应用程序的颗粒度不再是集众多业务功能于一身的集合体，而是一个个细颗粒的函数（Function）。每一个函数完成一个相对简单的业务逻辑，一个完整的应用由若干个函数组成。因为 FaaS 和 Serverless 的关系密切，因此 FaaS 的特点同时也是 Serverless 平台的特点：

- ❑ 抽象了底层计算资源
- ❑ 按使用量付费
- ❑ 自动弹性扩展
- ❑ 事件驱动

FaaS 是当前 Serverless 实现的重要基础，所以有一部分人认为 Serverless 就是 FaaS。笔者倾向于认为这是狭义上的 Serverless。其实，Serverless 理念强调的是底层服务器资源的抽象。Serverless 并没有要求一定要基于 FaaS 实现，只是 IT 技术的发展使得 FaaS 的各种特点契合了 Serverless 的理念，因此被广泛应用于 Serverless 平台的实现。

2.5.2 FaaS 的架构

目前，业界有多种 FaaS 的实现方案，如公有云的 AWS Lambda、Microsoft Azure Functions、Google Cloud Functions，私有云的 OpenWhisk、Fn、Kubeless 等。在后面的章节中，我们将展开讨论其中一些有代表性的 FaaS 实现。FaaS 平台架构如图 2-7 所示。

从宏观来看，一个 FaaS 平台的架构中包含如下主要组件：

- ❑ 函数定义（Function Definition）。一个函数实现一个业务逻辑。
- ❑ 函数实例（Function Instance）。在运行状态的应用函数的实例。
- ❑ 控制器（Controller）。负责应用函数的加载、执行等流程的管理。

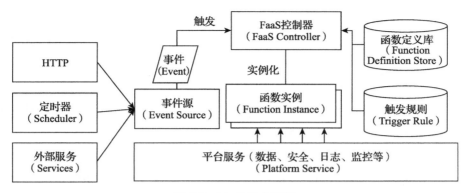

图 2-7　FaaS 平台架构

- ❑ 事件（Event）。事件驱动架构中的事件。
- ❑ 事件源（Event Source）。事件驱动架构中的事件来源。可以是一个数据库中插入了新的记录，也可以是一个目录里删除了一个文件，或者是消息队列收到了新的消息。
- ❑ 触发规则（Trigger Rule）。定义事件与函数的关系及触发的规则。
- ❑ 平台服务（Platform Service）。支撑应用运行的各类底层服务，如计算资源、数据存储等。

2.5.3　函数的生命周期

图 2-8 描述了在 FaaS 上一个函数从创建到执行的生命周期。

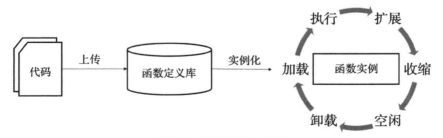

图 2-8　函数的生命周期

- ❑ 用户根据所选定的 FaaS 平台的规范进行函数应用的开发。当前主流的 FaaS 平台都支持多种不同的编程语言，如 Java、Python、JavaScript 及 Go 等。
- ❑ 编写好的函数将上传至 FaaS 平台。平台将负责编译和构建这些函数，并将构建的输出保存。一个完善的 FaaS 平台可以对函数进行版本控制。
- ❑ 用户设置函数被触发的规则，将事件源与特定版本的函数进行关联。一个函数可以和多个不同版本的事件源进行关联。

❑ 当事件到达且满足触发规则时，平台将会部署、编译构建后的函数并执行。平台将监控函数执行的状态，根据请求量的大小，平台负责对函数实例进行扩容和缩容。

2.5.4 函数工作流

随着 FaaS 的不断发展和用户使用场景的日益复杂，用户发现有的场景往往需要多个函数共同协作完成。当涉及多个函数执行时，就需要有逻辑处理执行的顺序、错误重试、异常捕获以及状态传递等细节。这种需求往往需要用户在早期实现函数时自行添加编排逻辑。编排逻辑并非核心业务逻辑，它的引入影响了函数的开发效率，因此实现变得拖沓和臃肿。于是，一些 FaaS 实现开始提供针对 FaaS 函数的流程编排服务或工具，以简化 FaaS 应用的流程编排，如 AWS Step Functions 和 Fission Workflows。图 2-9 展示的是 AWS Step Functions 函数流程编排的一个例子。

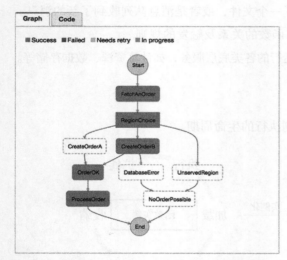

图 2-9　AWS Step Functions 流程编排界面

AWS Step Functions 主页：https://aws.amazon.com/step-functions/。

2.6　BaaS

2.6.1　BaaS 的价值

后端即服务（Backend as a Service，BaaS）如图 2-10 所示，在更早的时候它被称为

Mobile Backend as a Service（MBaaS），其主要目的是为移动设备的应用提供基于 API 的后端服务。但是随着云计算的发展，MBaaS 的理念被推广到传统的应用领域，逐渐演化成 BaaS。

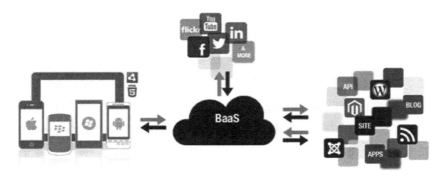

图 2-10　后台即服务

当前，BaaS 这个概念所涵盖的范围比较广泛，覆盖了应用可能依赖的一切第三方服务，如对象存储服务、数据库服务、身份验证服务及数据分析服务等。通过 BaaS 平台，用户的应用程序可以对接后端的各种服务，省去了用户学习各种技术和中间件的成本，降低了应用开发的复杂度。BaaS 的服务往往由服务供应商提供，用户无须关心底层细节，无须维护相关资源。

2.6.2　广义的 Serverless

前面我们分享过一个观点，那就是狭义的 Serverless 是 FaaS。那么什么是广义的 Serverless 呢？笔者认为广义的 Serverless 包含 FaaS 和 BaaS 两个方面。FaaS 解决了应用本身的"无服务器"化，BaaS 解决了应用依赖的第三方服务的"无服务器"化。当应用和其依赖的服务都实现了"无服务器"化时，这个应用才算是完整的 Serverless 应用。

2.7　NoOps

2.7.1　无人运维吗

NoOps，中文直译为"无运维"，或许翻译为"无人运维"更为合适。知名的市场调研公司 Forrester 于 2011 年发表的报告《 Augment DevOps With NoOps 》中提出了 NoOps 这一概念。它们认为随着云计算的不断演进、IT 自动化程度的不断完善、IT 自服务程度的不断提高以及应用架构的自扩展和自恢复的实现，IT 将进入无须人工运维的阶段。企业无须雇佣运维人员，从而可实现 NoOps。

《Augment DevOps With NoOps》阅读地址：https://www.forrester.com/report/Augment+DevOps+With+NoOps/-/E-RES59203。

NoOps 的理念听起来似乎是一种天马行空的妄想，但其背后还是有一定的逻辑依据的。云计算及容器、Serverless 等相关技术降低了应用运维的复杂度，提高了运维的自动化程度。最近业界在人工智能（Artificial Intelligence，AI）领域取得了突破，更多的人可以更容易地将 AI 技术应用到各个领域中去。越来越多的企业基于多年来积累的运维经验构建运维知识库，通过 AI、机器学习等技术尝试智能化运维。IT 运维正在从人工运维走向自动化运维和智能化运维，目前有向 NoOps 这个方向发展的趋势，但是什么时候可以实现 NoOps 所描绘的场景，则是一个未知数。

2.7.2 "无服务器"与"无人运维"

NoOps 和 Serverless 都存在"无"的概念。在 Serverless 架构下，运维人员不再需要关注底层的基础架构，那是不是意味着就不需要运维了呢？从目前的情况来看，答案显然是否定的。虽然用户不需要对底层的基础架构进行运维，但是还是需要有人对应用的整体运营状态进行维护。运维关注的焦点会从以往的基础架构转移到云服务和应用的运维上。运维人员有更多的时间关注对业务更有价值的地方，如服务的用户体验，而非系统宕机时间。

生于安乐，死于忧患。根据技术发展的趋势掌握新的知识和技能，对任何岗位的人而言都是同样适用的。

2.8 DevOps

如果说 NoOps 还是有点遥不可及，那么 DevOps 可以说是近在咫尺了。

DevOps 是一种 IT 的治理理念，这种理念强调和谐的开发（Develop）和运维（Operation）的协作，以便为 IT 提供更可靠和更高质量的交付，从而提升 IT 的效率和对业务的响应速度。DevOps 不仅仅是简单的工具，它还涉及一个企业或组织的文化和流程。

Serverless 架构极大地改变了应用开发、部署和运营的模式，它不仅仅对技术领域和数字空间产生影响，Serverless 还将对软件的开发、测试与运维人员的协助模式和关系产生巨大的影响。Serverless 的推行也许会对企业或组织具体的 DevOps 流程和工具产生影响，但这并不是坏事，只是会有一个适应的过程。DevOps 所倡导的协作、分享和精益的文化对 Serverless 的推行而言有着很大益处。Serverless 和 DevOps 并不冲突，相反，一个良好的 DevOps 环境会让 Serverless 的推行变得事半功倍。

2.9　云原生应用

2.9.1　因云而生

应用的架构和设计会受到其所运行环境的极大影响。从云计算发展的历史来看，不难想象未来云将会是主流的应用运行平台，是应用的标准运行环境。所谓的云原生应用（Cloud Native Application）是指充分利用云平台的各种功能和服务所设计的应用程序。这一概念强调，未来的应用要充分利用云上的各种设施和功能，最大限度地加速应用的开发、部署和运营，使云的价值最大化。

云原生应用和我们前文提及的众多技术息息相关。云平台是云原生应用的运行基础环境。微服务为云原生应用提供了架构层面的指导思想。容器将会是云原生应用的一种重要交付格式，保证了云原生应用的可移植性。DevOps 为云原生应用的开发、交付和运营提供了思想层面的指导。

2.9.2　Serverless 与 Cloud Native

从概念上看，Serverless 应用满足了云原生应用的定义，充分利用了云平台的各种能力，极大地提高了应用开发、交付和运维的效率。因此，Serverless 应用是原生应用的一种实现，Serverless 架构是用户通向云原生应用的道路之一。

云原生计算基金会（Cloud Native Computing Foundation，CNCF）是一个专注于推广和标准化云原生技术的组织，其由众多主流的云计算厂商创立，目前成员超过 100 个，包括 Google、Amazon、微软、阿里巴巴、华为、Red Hat、Cisco、IBM、Oracle 等。当前，云计算领域中许多备受关注的前沿项目都归属于 CNCF，如容器编排平台 Kubernetes、日志收集器 Fluentd、高性能远程调用协议 gRPC 以及性能指标收集方案 Prometheus 等。Serverless 的流行也受到了 CNCF 的高度关注，CNCF 在 2018 年发布了 Serverless 白皮书，探讨了 Serverless 在云原生计算中的价值以及 CNCF 在 Serverless 领域的未来动向。

CNCF Serverless 白皮书参考地址：https://github.com/cncf/wg-serverless/tree/master/white-paper。

2.10　本章小结

要完整认识一个事物，除研究这个事物本身之外，还要了解其所在的生态系统。本章我们一起探讨了 Serverless 生态系统中与之息息相关的一些技术和概念。Serverless 是云计算变革的一个产物，是构建云原生应用的一种模式和思想。通过这种思想，结合云计算相关技术，用户可以用更低的成本构建更高性能、更易于扩展及更高可用的云应用。

第 3 章 *Chapter 3*

Serverless 的实现

在了解 Serverless 所能带来的巨大价值后，许多企业和组织都在其 IT 转型的蓝图中对 Serverless 进行布局。希望通过 Serverless 提升应用交付的效率，降低应用运营的成本。所谓"工欲善其事，必先利其器"。Serverless 的落地与实践需要实实在在的平台、工具以及框架作为技术支撑。这些平台、工具和框架是 Serverless 理念的具体实现。通过这些 Serverless 的实现，用户才能进行 Serverless 应用的架构设计、部署及运维。

3.1　Serverless 技术的发展

虽然 Serverless 的发展所经历的时间并不长，但是因为有着很高的关注度，因此这几年陆续涌现了各种类型的 Serverless 平台和工具。有社区的贡献者对现存的 Serverless 各类平台和工具进行了梳理，形成了一个列表，列表中所收录的项目达 100 余项。

Serverless 相关资源列表：https://github.com/anaibol/awesome-serverless。

第 2 章中介绍过，Serverless 也是云原生（Cloud Native）应用的一种形态。因此，云原生计算的标准化组织云原生计算基金会（CNCF）也将 Serverless 纳入其工作关注的范畴，并成立了专门的工作小组，Serverless WG。CNCF 的 Serverless 工作小组也对目前业界存在的 Serverless 资源做了一次梳理。基于其中比较成熟的平台和方案，CNCF 发布了一份 Serverless 资源的导览图（Serverless Cloud Native Landscape），如图 3-1 所示。

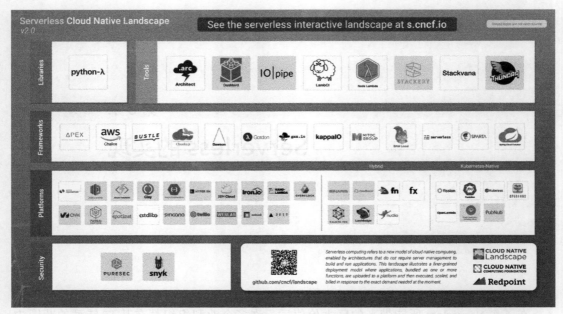

图 3-1　Serverless 实现导览图

Serverless 导览图的参考地址：https://github.com/cncf/wg-serverless。值得一提的是，CNCF 基金会还维护了一些关于构建、设计和运行云原生应用的资源导览图，可以在如下 GitHub 仓库中查阅：https://github.com/cncf/landscape。

在 CNCF 的 Serverless 导览图（图 3-1）中，Serverless 相关的资源分为如下几大类。

❑ Serverless 平台。提供 Serverless 应用开发和运维的公有云和私有云平台，如 AWS Lambda、Azure Functions、Google Cloud Functions 等公有云平台；OpenWhisk、Fission、Kubeless、Fn、OpenFaaS 等都可以被部署在私有数据中心的开源 Serverless 平台。

❑ Serverless 框架。Serverless 平台为用户提供了开发和运行 Serverless 的基础，但是许多 Serverless 平台应用开发的用户体验还不是很完善。而且，不同 Serverless 平台的规范和开发、部署方式都不尽相同。为了方便用户同时在多个不同平台上开发和部署应用，业界出现了一批 Serverless 框架，以帮助用户降低 Serverless 应用开发、部署和管理的复杂度，提高效率。比如，一款名为 Serverless Framework 的框架同时支持 AWS、Azure、Google 及 OpenWhisk 等众多平台。通过 Serverless Framework，用户可以屏蔽底层不同平台的差异，通过一个统一的接口部署、测试和管理在不同平台上的 Serverless 应用。除了降低复杂度、提高工作效率外，有的 Serverless 框架还增强了 Serverless 平台的能力，比如 Apex。Apex 是一款针对

AWS Lambda 的 Serverless 增强框架，可以让用户使用非 AWS Lambda 官方原生支持的编程语言开发应用函数，并将其发布至 AWS Lambda 平台上。

❑ Serverless 工具。各类 Serverless 应用的辅助工具，简化 Serverless 应用设计和部署的 .architect。如，帮助用户监控管理 Serverless 应用的日志和性能的 Dashbird 和 IO Pipe，帮助用户对 Serverless 应用进行持续集成的 LambCI。

❑ 编程语言库。针对某种编程语言的 Serverless 类库。python-λ 是一款基于 Python 语言的 Serverless 工具，可以简化基于 Python 的 AWS Lambda 应用的开发和部署。

❑ 后台服务。完整的 Serverless 应用往往还依赖于第三方的后台服务，以解决安全、数据持久化、消息传递等需求。如安全服务 Puresec，为 Serverless 应用提供安全运行环境（Serverless Security Runtime Environment，SSRE）；Snyk 提供 Serverless 应用的安全漏洞扫描服务。传统的云服务如 AWS 云存储服务 S3、AWS 云数据库 DynamoDB、AWS 的负载均衡 ELB 等其实也属于设计和构建 Serverless 应用时可以利用的后台服务。

关于 Serverless 的平台和工具有很多。由于篇幅所限，本书不可能对每一种平台和工具都进行详尽介绍。下面我们将针对一些关注程度较高、用户基数比较大的 Serverless 资源进行介绍。对于其中比较典型的平台和工具，本书将会以专门的章节展开讨论。希望读者在对这些 Serverless 平台和工具了解的基础上进一步理解 Serverless 应用构建、部署和运行的生命周期，了解 Serverless 的生态，以便日后能更高效地深入探索 Serverless 世界。

3.2　Serverless 与公有云

前面的章节介绍过，按照所提供的资源类型进行分类，云可以划分为 IaaS、PaaS 和 SaaS 三大类别。如果按照云的运维责任所有人来划分，云服务可以分为公有云（Public Cloud）、私有云（Private Cloud）以及混合云（Hybrid Cloud），如图 3-2 所示。

在传统的私有数据中心模式下，用户所使用的绝大部分计算资源都部署于用户私有的数据中心内，所有的网络、存储和主机资源都由用户负责安装、部署、配置和管理。公有云的模式则是用户所使用的计算资源都存在于远端的数据中心中，这些数据中心里的资源都由专门的云服务提供商负责运维管理，如 Amazon Web Services 及 Microsoft Azure。公有云有如下优点：

❑ 更低的开销。在大部分场景下，用户按需购买资源，节约了开支。

❑ 更低的运维成本。用户无须再运维各类计算资源，节省了大量的人力开销。

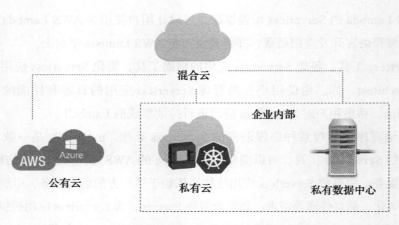

图 3-2   各种云服务的类型

❑ 高度可扩展。大部分的公有云都有能力提供海量的计算资源，应用可以在短时间内按需迅速扩展。

❑ 高可用。大部分的公有云都有能力提供遍布世界的站点和高可用区，帮助用户节省了大量用于实现高可用和容灾的时间和精力。

Serverless 与公有云服务在理念上天然契合。两者都强调将应用服务运营中非核心的要素移出用户的关注范围，简化复杂度，提高效率。Serverless 的流行和公有云服务提供商的大力推广有着非常大的关系。其中，AWS 在 2014 年推出 AWS Lambda 成为这个领域走向高速发展的一个重要标志。随后，其他主流公有云供应商，如 Microsoft Azure 和 Google Cloud Platform 相继推出了各自的 Serverless 平台，Azure Functions 和 Google Cloud Functions。这标志着此项技术已经获得了市场的广泛认可，具备了走向成熟的基础。

3.2.1   Amazon Web Services

Amazon Web Services 即 AWS，是目前市场份额最大的公有云服务提供商之一。目前它在世界 5 个大洲都设置有数据中心。AWS 的客户涵盖了各个行业的大中小企业，甚至包括美国国家航空航天局（NASA）。从 2002 年至今，AWS 已经发展成为一个庞大的云服务体系，在平台上有超过 50 种的各类云服务，如图 3-3 所示。

AWS Lambda（https://aws.amazon.com/lambda/）是 AWS 针对 Serverless 架构推出的 FaaS 云服务，如图 3-4 所示。AWS Lambda 自 2014 年推出以后受到广泛的关注，也使得 Serverless 架构变得更加触手可及和流行。AWS Lambda 的出现使得 Serverless 理念第一次有了主流云平台服务厂商的支持。AWS Lambda 大获成功的原因除了其设计和技术特性满足了大家对

Serverless 计算的期望之外，还得益于其所在平台 AWS 的成功。在 AWS 推出 Lambda 之前，AWS 平台上已经提供了大量的云服务，这些服务涵盖主机、网络、存储、PaaS、日志、数据库、CDN、负载均衡、身份验证、大数据及人工智能等各个领域。一个完整的 Serverless 应用，除了应用本身要实现"无服务器"化之外，其所依赖的第三方服务也应该实现"无服务器"化。因为都是 Amazon 的产品，AWS Lambda 天然和 AWS 上丰富的云服务有良好的集成，这使得 AWS Lambda 的用户在构建 Serverless 应用时可以获得完整和有力的支持。

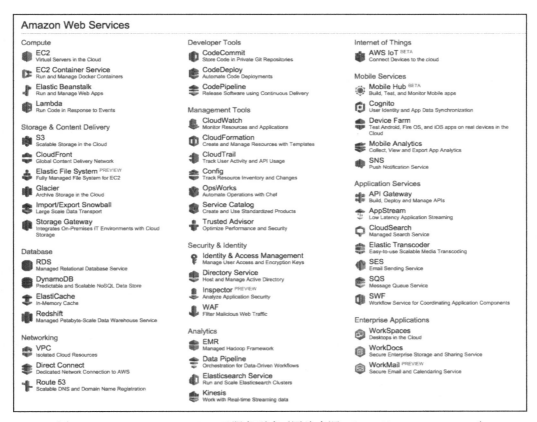

图 3-3　Amazon Web Services 云服务列表（图片来源：https://aws.amazon.com/）

图 3-4　函数式计算平台 AWS Lambda

AWS Lambda 的发布已经有数年的时间，虽然有其他云服务厂商的跟进和竞争，但是目前 AWS Lambda 仍然是最受欢迎的公有云 Serverless 平台。和其他平台相比，AWS Lambda 的优势在于：

❑ 成熟度高。AWS Lambda 是第一个在主流公有云平台上的 Serverless FaaS 平台，已经有数年的发展和沉淀。其他平台的推出时间相对较晚（Google 和 Microsoft 都是在 2016 年才推出相对应的产品），这可直接在平台的成熟程度以及用户社区的大小和活跃度上反映出来。

❑ 用户基数大。AWS Lambda 有较大的用户基数，可以查询到的客户参考案例较多。

❑ 活跃的社区。目前开源社区有不少围绕 AWS Lambda 展开的开源项目，有的项目改善了用户体验，如 Serverless Framework；有的则增强了功能，如 Apex 和 LambCI。活跃的社区生态对于一项技术的推广流行和长期稳定发展来说非常重要。

❑ AWS 的整合。AWS Lambda 天然和 AWS 平台上的服务有良好的集成。虽然 AWS Lambda 的应用可以访问 AWS 之外的云服务，但是使用 AWS 平台范围内的服务显然效率更高，管理成本更低。

关于 AWS Lambda，后面将会有专门的章节进行详细介绍，我们会通过一些实际的案例和动手的实验来一起深入了解目前这个最受欢迎的 Serverless 平台。

3.2.2　Microsoft Azure

Microsoft Azure 是老牌软件巨头微软公司（Microsoft）推出的公有云服务，是目前市场份额位居前列的公有云服务。和 AWS 一样，Azure 也提供了数目可观的各类云服务，形成了一个庞大的公有云生态，如图 3-5 所示。凭借微软在软件行业多年的积累，其公有云市场起步虽然不算早，但是却在相对较短的时间内得到了迅速发展，业绩名列前茅。根据资料显示，目前 Azure 收入的增长速度超过了其最大的竞争对手 AWS。

公有云市场份额报告参考来源：https://www.skyhighnetworks.com/cloud-security-blog/microsoft-azure-closes-iaas-adoption-gap-with-amazon-aws/。

随着 Serverless 市场的日渐成熟，Microsoft Azure 也在 2016 年推出了事件驱动的函数式云计算服务 Azure Functions，如图 3-6 所示。Azure Functions 是 Azure 在 Serverless 领域的旗舰产品。和其竞争产品 AWS Lambda 类似，Azure Functions 也是一个 Serverless FaaS 平台。其核心理念是用户可以专注于业务代码的开发，而无须关注底层基础架构。Azure Functions 支持用户以多种语言进行函数的开发，包括 Java、Node.js、PHP、C#、

F#、Bash 及 Microsoft Windows 的 PowerShell 脚本。Azure 支持按用量收费，提供灵活的收费模型。

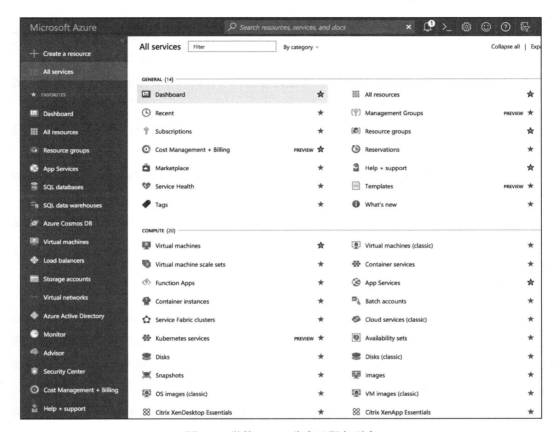

图 3-5　微软 Azure 公有云服务列表

图 3-6　函数式计算平台 Azure Functions

　　Azure Functions 底层是基于 Azure WebJobs 发展而来的。WebJobs 是 Azure 云平台 PaaS 服务 Azure App Services 运行后台任务的一个功能。值得一提的是，Azure Functions 除公有云的版本之外还提供私有化（On-premises）部署的版本 Azure Functions Runtime。用户可以通过将 Azure Functions 部署在私有数据中心来搭建 Serverless 计算平台。

Azure Functions 主页：https://azure.microsoft.com/en-us/services/functions/。

Azure Functions Runtime 参考：https://docs.microsoft.com/en-us/azure/azure-functions/functions-runtime-overview。

综合各方面来看，作为一个 Serverless 平台，Azure Functions 的功能可圈可点：

❑ 完整性。Azure Functions 是一个功能完备的 Serverless FaaS 平台，具备一个完备的 FaaS 所应该具备的技术特点。

❑ 作为 Azure 云服务的一员，Azure Functions 天然与 Azure 云平台上各类服务有良好的集成，这对广大 Azure 用户而言是一个好消息。

❑ 对于使用微软体系产品和工具构建 IT 能力的企业而言，Azure Functions 是 Serverless 转型的首选平台。

❑ Azure Functions 既提供公有云服务，也提供带商业支持的私有化部署版本，可满足不同用户的需求。

3.2.3 Google Cloud Platform

Google Cloud Platform 是 Google 公司推出的公有云服务。2016 年，Google Cloud Platform 推出了 Google Cloud Functions 平台（https://cloud.google.com/functions/）加入 Serverless 领域的竞争。同为 FaaS 平台，Google Cloud Functions 与 AWS Lambda 和 Microsoft Azure 在功能上最大的区别在于 Google Cloud Functions 目前仅支持 JavaScript 作为函数开发语言，运行环境为 Node.js。AWS Lambda、Microsoft Azure Functions 及 Google Cloud Functions 支持的开发语言如表 3-1 所示。也许 Google 认为 FaaS 中的函数本来就不应该是很复杂的逻辑，JavaScript 足够简单高效，能满足绝大部分的需求。其脚本语言的灵活性也提高了开发和调试的效率。

表 3-1 AWS Lambda、Microsoft Azure Functions 及 Google Cloud Functions 支持的开发语言

	AWS Lambda	Microsoft Azure Functions	Google Cloud Functions
正式支持	JavaScript（Node.js）、Java、Python、C#（.NET Core）、Go	C#、JavaScript、F#	JavaScript（Node.js）
测试预览阶段		Java、Python、PHP、TypeScript、Windows Batch、Bash、PowerShell	

虽然 Google Cloud Functions 已于 2016 年推出，但是长时间处于 Beta 阶段。直到 2018 年才宣布正式上线。值得注意的是，2018 年 7 月 Google 公布了开源项目 Knative（https://

github.com/knative/）。Knative 定位为 Kubernetes 的 Serverless 插件。Knative 推出后得到了 Pivotal、IBM 以及 Red Hat 的支持。Knative 提供基于容器的 Serverless FaaS 平台能力。Knative 能否借助 Google 在 Kubernetes 生态圈的影响成为 Kubernetes 上主流的 Serverless 框架呢？这个问题的答案随着时间的推移，将见分晓。

3.2.4　Webtask

Webtask（https://webtask.io）是 Auth0 公司提供的在线 FaaS 服务。根据 Webtask 官方介绍，Webtask 非常适用于一些需要少量服务端代码的单页应用（Single Page Application）。

Webtask 的东家 Auth0 是一家为手机应用提供在线身份验证服务的服务提供商。在提供身份验证服务时，它们经常遇到用户需要加入一些自定义逻辑片段的情况。为了解决用户这种自定义逻辑的需求，Auth0 研发并推出了 Webtask 服务。与前面介绍过的 AWS Lambda、Microsoft Azure Functions 和 Google Cloud Functions 相比，Webtask 是一个轻量的 FaaS 平台。Webtask 目前支持用户通过 JavaScript 和 C# 等语言进行函数的编写，函数的运行环境是 Node.js。

3.2.5　Hyper.sh

Hyper.sh（https://hyper.sh/）是一个在线容器运行服务，一个 CaaS（Container as a Service）平台。用户可以方便地在 Hyper.sh 平台上运行所需的容器实例，Hyper.sh 负责为容器实例提供底层所需的 CPU、内存、网络和存储等计算资源。

一般的 CaaS 普遍构建在 IaaS 或虚拟化平台之上，由若干个容器运行在同一个虚拟机中，共享一个操作系统内核。容器之间的隔离依赖 Linux 内核的 namespaces 和 cgroups 等技术。Hyper.sh 和一般的 CaaS 的区别在于，Hyper.sh 引入了一种叫作 HyperContainer 的特殊技术，在物理机上直接运行容器，并且为每个容器提供一个独立的操作系统内核以提高隔离性。HyperContainer 架构图如图 3-7 所示。

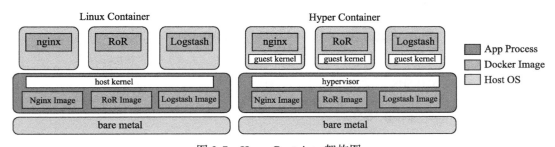

图 3-7　HyperContainer 架构图

在 CaaS 的基础上，Hyper.sh 推出了一个叫作 Func 的服务，该服务是一个基于容器的函数式计算服务。用户以 Docker 容器镜像的形式封装函数逻辑，而 Hyper.sh Func 负责这些函数容器镜像的调度和运行。因为选择了 Docker 容器镜像作为封装格式，因此用户几乎可以使用所有他们希望使用的编程语言和类库进行函数逻辑的编码。目前，Hyper.sh Func 只支持通过 HTTP 请求触发。当 HTTP 请求到达时，Hyper.sh Func 平台负责根据用户指定的容器镜像生产容器实例。HTTP 请求的头（Header）和内容（Body）将通过标准输入 STDIN 传递给容器实例，容器实例中的函数代码执行完毕后通过标准输出 STDOUT 返回给 HTTP 客户端。

和 Webtask 相似，Hyper.sh 来自于规模较小的服务提供商。Hyper.sh Func 为容器的忠实用户提供了轻量灵活的 Serverless FaaS 服务。

3.2.6 阿里云

阿里云是阿里巴巴旗下的公有云服务，也是目前国内市场份额最大的公有云服务提供商。根据 2018 年年初的报道，目前阿里云已经成为世界上第五大公有云服务提供商。阿里云是国内第一批推出 Serverless 平台的公有云厂商。

资料来源：https://marketrealist.com/2018/02/alphabets-cloud-business-stacks-competition。

从广义 Serverless 的角度来看，阿里云的 Serverless 平台主要涵盖六个方面：函数计算、对象存储、API 网关、表格存储、日志服务及批量计算。函数计算是其 Serverless 平台的核心。阿里云的 FaaS 平台产品是阿里云函数计算（Function Compute，https://serverless.aliyun.com/）。如图 3-8 所示，用户可以通过阿里云 Function Compute 构建函数式的 Serverless 应用。从官方网站的日志可以看到，自 2017 年 4 月 27 日发布以来，阿里云函数计算在不断增加新的功能，并在不断演变进化。

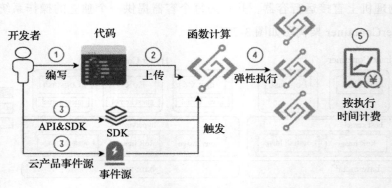

图 3-8　阿里云函数计算应用架构图

下面我们通过几个方面来看看阿里云函数计算平台的特点。

1. 事件触发

阿里云函数计算可以被阿里云上的服务事件触发，如阿里云对象存储（OSS）。后续还将提供 API 网关及 RDS 等其他服务事件的支持。用户可以定义触发器将具体的事件来源与函数进行对接。

2. 支持语言

阿里云函数计算目前支持的开发语言为 Node.js，并计划后续将支持 Java 及 Python。用户可以选择在 Web 控制台进行代码开发，也可以将开发好的代码上传到阿里云的对象存储。整个函数代码的部署包大小不能超过 50MB，部署包解压后的代码不能超过 250MB。代码会在一个受限的 Linux 环境中执行。阿里云贴心地提供了一个 Web Shell 环境让用户体验函数的执行环境。

阿里云函数计算执行环境：https://help.aliyun.com/document_detail/59223.html?spm=a2c4g.11186623.6.596.qGMHtb。

---

3. 用户体验

阿里云函数计算提供了基于 Web 的控制台和 SDK。用户可以通过 Web 控制台管理函数应用，也可以通过交互式的命令行来操作。

4. 服务规格

在阿里云中，函数通过服务（Service）作为组织单元，一个服务下最多包含 50 个函数和 10 个触发器。在运行时，函数最长的运行时间为 300s，即 5min。一个函数的最大并发数为 100。截至本书完稿时，阿里云函数计算仅限于华东 2 区域。

5. 服务计费

按函数的执行时间计费。收费最小颗粒度可达 100ms。计费有两个维度，一是函数调用次数，二是函数执行时间。每个月的前 100 万次调用及每月前 40 万 GB 免费。如果函数在执行过程中涉及公网的数据传输，相关传输的数据量也将进行计费。

6. 用户生态

官方文档比较完备，用户手册、开发手册、API 文档及演示视频等一应俱全。同时还提供了一些典型场景的案例参考。更多内容可参考阿里云栖社区的博客，其中有一些案例和技术分享。

对于功能的丰富程度和完整度而言，目前阿里云的函数计算还处于起步阶段。一些功能（如多语言支持、更多的事件源）还有待实现。可用的区域也仅限于华东 2 区域。但是作为一个公有云平台，阿里云上的各类公有云服务相对比较完善，为实现广义的 Serverless 平台提供了一个很好的基础。作为国内公有云的 Serverless 平台，阿里云 Serverless 还是走在了这个领域的前面。

3.2.7　腾讯云

腾讯云是目前国内几大公有云服务之一。无服务器云函数（Serverless Cloud Function，SCF）是腾讯云推出的函数式计算平台（https://cloud.tencent.com/product/scf）。根据官方的资料，腾讯云 SCF 发布日期是 2017 年 4 月 26 日，而阿里云的 Function Compute 的发布日期为 2017 年 4 月 27 日。两家云平台 Serverless 产品的发布日期如此接近，可见云厂商在 Serverless 领域竞争的激烈程度。

我们从以下几个方面来看看腾讯云 Serverless 平台的特点。

1. 函数运行时

腾讯云 SCF 目前支持 Python、Java 及 Node.js 作为函数的开发语言。用户可以以压缩包的形式从本地上传代码，也可以引用腾讯云对象存储中的代码文件。

2. 事件触发

目前腾讯云 SCF 支持的事件触发源有腾讯云对象存储 COS、定时器、腾讯云消息服务 CMQ，以及用户手动通过 API 及控制台触发。每个函数最多可以关联 4 个触发器。

3. 服务规格

每个函数将在一个基于 CentOS Linux 的环境中被执行。函数执行的内存范围为 128MB 至 1536MB，单个区域支持的最大函数定义数量为 20 个，函数执行的最大时长为 300 秒，最大的并发数为 5。如果需要更高的并发则需要联系客服。

4. 计费方式

和阿里云类似，腾讯云 SCF 通过资源的使用量（内存的使用量，单位为 GB）以及调用的次数进行计算。每个月提供 40 万 GB 和 100 万次调用的免费计算量。

5. 用户生态

产品的文档说明比较清晰，也提供了一些入门的教程和示例。

3.2.8　小结

前文介绍了公有云的一些 Serverless 实现，涵盖了国内外大型和小型的 Serverless 平台服务。就目前而言，AWS Lambda 无疑还是用户基数最大的 Serverless 平台。依托 AWS 平台上丰富的服务，AWS Lambda 的实际应用场景也最为丰富。Azure Functions 和 Google Cloud Functions 目前处于追赶的状态，为用户未来提供更多潜在的选择。Azure Functions 提供了私有云部署的选项，这对许多具备规模的企业用户而言是一个非常吸引人的特性。Webtask 和 Hyper.sh 相对而言比较简单，适合于一些应用场景相对简单的用户。阿里云和腾讯云的 Serverless 支持还处于建设的初期，许多功能亟待完善，实际的用户案例也有待增加。相信随着 Serverless 在国内的流行，国内云服务商的 Serverless 平台将会不断完善。

3.3　Serverless 与私有化部署

公有云是由云服务商运维和提供的服务，不需要用户对具体的主机、网络和存储进行运维。公有云的优点是节约了用户大量的管理成本，缺点是削弱了用户对基础架构的控制力。此外，许多用户，尤其是大企业，对公有云一直怀有的担忧，便是其安全性。有些对安全性敏感的业务，用户并不想将它们运行在公有云中。因此，构建私有云是这些有安全需求的用户的选择。

在企业的数据中心构建私有云环境，可为企业内的用户提供服务。这让企业既可以分享到云技术带来的便利，又消除了安全和控制力上的一些问题。

在私有环境中构建 Serverless 平台，虽然对于用户的基础架构运维团队而言，仍然需要服务运维 Serverless 平台所使用的底层计算资源，但是用户的开发团队和应用的运维团队则可以从基础架构的束缚中解放出来，体验到 Serverless 架构带来的益处。

和公有云相比，在私有环境中构建 Serverless 平台，在技术上并没有什么障碍。由于容器技术已比较成熟，通过 Docker 和 Kubernetes 这样的技术平台，用户可以在私有的数据中心快速方便地构建和管理庞大的计算集群。因此，当前绝大多数可以在私有云上部署的 Serverless 平台方案底层都是基于容器技术实现的。下面将介绍几种关注度较高的 Serverless 实现方案。

3.3.1　OpenWhisk

OpenWhisk（https://openwhisk.apache.org）是一个开源的 Serverless FaaS 平台，如图 3-9 所示。这个源于 IBM 的 Serverless 平台目前由 Apache 基金会进行孵化和管理。

OpenWhisk 是一个功能完备的 FaaS 平台，包含事件驱动及函数执行时等核心组件。OpenWhisk 可以运行在不同的基础架构上，包括各类物理机、虚拟机、容器平台（如 Kubernetes）、PaaS（如 OpenShift）、公有云（如 AWS 和 Azure 等）和私有云（如 Open-Stack）环境中。此外，IBM 的云服务 IBM Cloud 还提供了基于 OpenWhisk 的公有云服务 IBM Cloud Functions。

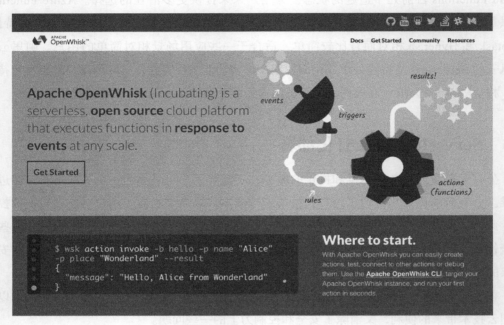

图 3-9　OpenWhisk 项目主页

OpenWhisk 是目前比较成熟的一个 Serverless FaaS 项目，在后面的章节我们将对其进行更详细的介绍。

3.3.2　Fission

Fission（https://fission.io/）是 Platform9 公司推出的一个开源 Serverless 框架，如图 3-10 所示。如图 3-11 所示，用户可以在 Kubernetes 集群上运行 Fission 以提供 FaaS 平台服务。通过 Kubernetes 的容器编排能力，Fission 对底层的容器化函数执行环境进行调度和编排。

Fission 目前支持的语言非常广泛，包含各类常见的编程语言，如 Node.js、Python、Java、.NET、Go、PHP、Ruby、Perl 及二进制执行文件等，用户还可以根据需要进行扩展。除了基本事件驱动的函数执行功能外，Fission 还提供了函数的编排能力。通过 Fission Workflows，用户可以定义并执行函数调用链。

图 3-10　Serverless 框架 Fission

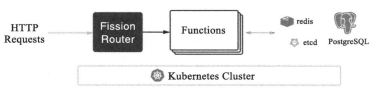

图 3-11　Fission 技术架构图

　　虽然 Fission 是基于容器技术实现的，但是底层容器和容器编排平台的细节对于用户而言是抽象的。用户可以只关注实现业务的函数代码，底层的容器和基础设施的细节由 Fission 进行管理。

3.3.3　Kubeless

　　Kubeless（http://kubeless.io/）是另一款基于 Kubernetes 的 Serverless FaaS 平台实现，如图 3-12 所示。和 Fission 相似，Kubeless 也是运行在 Kubernetes 平台之上的 FaaS。Kubeless 官方强调其是 Kubernetes 原生（Kubernetes native）的 Serverless 实现。Kubeless 在设计之初就引用了许多 Kubernetes 原生的组件，如 Service、Ingress、HPA（Horizontal Pod Autoscaler）等。目前 Kubeless 支持的编程语言有 Python、Ruby、Node.js 和 PHP。用户可以通过定制容器镜像来自定义函数的执行环境。

3.3.4　OpenFaaS

　　OpenFaaS（https://github.com/openfaas）是一个基于容器技术构建的 Serverless FaaS 平台，如图 3-13 所示。和 Fission、Kubeless 不同的是，OpenFaaS 除了支持 Kubernetes 外，还支持 Docker Swarm，如图 3-14 所示。这对于 Docker Swarm 的用户而言是一个好消息。

 提示　Docker Swarm 是 Docker 公司主导的一个容器编排项目。Swarm 是一个轻量级的容器编排解决方案，集成在原生的 Docker 软件包中。

图 3-12　Serverless 框架 Kubeless

图 3-13　Serverless FaaS 平台 OpenFaaS　　　图 3-14　OpenFaaS 还支持 Docker Swarm

Fission 和 Kubeless 都倾向于向用户隐藏底层容器技术的细节。在这一点上 OpenFaaS 的态度则完全不同。在 OpenFaaS 中函数是以容器的形式定义的，容器对用户而言并不是抽象的，用户在定义函数时将指定具体的容器镜像。这对于一些容器技术爱好者而言是一个优点，这和 Hyper.sh 的 Func 类似。因为函数的封装格式是 Docker 容器镜像，因此用户可以使用任何运行在 Docker 容器中的技术来实现他们的函数逻辑。

此外，OpenFaaS 项目还维护了一个应用市场 OpenFaaS Store，如图 3-15 所示，用户可以从这个软件市场上查找和快速部署社区验证过的函数应用。

OpenFaaS 是一个开源项目，这个项目的创始人 Alex Ellis 创建了一家公司 OpenFaaS Ltd，专门提供 OpenFaaS 的商业支持。

OpenFaaS Ltd 主页：https://www.openfaas.com/。

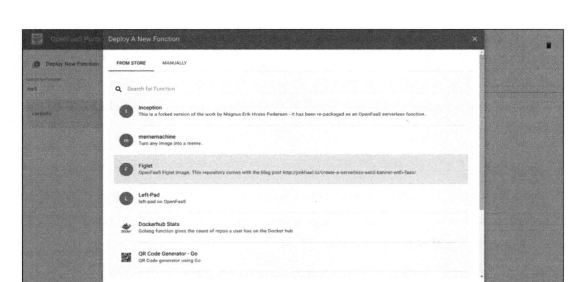

图 3-15　OpenFaaS 函数应用市场

关于 OpenFaaS 更多的信息，请参考后面章节的介绍。

3.3.5　Fn

Fn（如图 3-16 所示，https://fnproject.io/）是 Oracle 支持的一个开源的 Serverless FaaS 项目。Fn 是 Oracle 公司在 Serverless 领域的旗舰项目，是 IronFunctions 团队成员加盟 Oracle 后的产物。Fn 项目的特点是基于容器技术（Container native），支持多个不同的容器编排平台，包括 Kubernetes、Docker Swarm 及 Mesosphere，支持在不同的私有云和公有云平台上进行部署。

图 3-16　Serverless 平台 Fn

从技术架构上来看，Fn 项目包含以下组件：

❑ Fn Server，基于容器技术的函数部署、执行和管理的核心组件。

❑ Fn Load Balancer，请求负载均衡器，负责将流量分发到平台的函数实例。

❑ Fn FDK，针对不同语言的函数开发工具，可提高函数应用开发和测试的效率。

❑ Fn Flow，允许用户进行函数编排，定义函数的执行流程。

根据 Oracle 官方的消息，Fn 可以兼容 AWS Lambda 的函数代码，用户可以将 AWS Lambda 的代码导入 Fn 中运行。不难想象，当 Oracle 在其云服务 Oracle Cloud 上提供以 Fn 为基础的 FaaS 服务时，用户可以更容易地将他们的 Serverless 应用从 AWS Lambda 上迁移到 Oracle Cloud。

3.3.6 小结

本节我们一起学习了可以在私有环境中部署的 Serverless 实现。表 3-2 汇总了前文介绍的 Serverless 实现的情况对比。这些方案各有特点，有的是专门针对 Kubernetes 设计实现的，有的则是希望兼容各类平台以达到兼容并包。

表 3-2　私有化部署的 Serverless 平台对比

	OpenWhisk	Fission	Kubeless	OpenFaaS	Fn
类型	FaaS	FaaS	FaaS	FaaS	FaaS
实现语言	Scala	Go	Go	Go	Go
项目模式	开源项目	开源项目	开源项目	开源项目	开源项目
支持厂商	IBM、Adobe、Red Hat	Platform9	Bitnami	OpenFaaS Ltd	Oracle
公有云服务	IBM Cloud Functions				Oracle Cloud
部署平台	Kubernetes、Docker	Kubernetes	Kubernetes	Kubernetes、Docker Swarm	Kubernetes、Docker Swarm、Mesosphere
函数运行时	容器	容器	容器	容器	容器
默认函数编程语言支持	JavaScript、Swift、Python PHP、二进制	Go、.NET Node.js、Perl PHP、Python、Ruby、二进制	Python、Ruby Node.js、PHP	Docker 镜像	Go、Java、Node.js、Ruby
编程语言扩展	定制容器镜像	定制容器镜像	定制容器镜像	定制容器镜像	定制容器镜像
函数编排支持	Action Sequence	Fission Workflows	无	无	Fn Flow

可以看到，前面介绍的所有方案都有一个共同的特点，那就是其底层都是基于容器技术实现的。容器技术已成为当前云计算的一个重要基石，也是 Serverless 实现的一个重要技术手段。通过容器，用户可以很方便地打包各种编程语言的运行环境。通过容器编排，Serverless 平台可以很快速地将其部署到庞大的计算集群中去。在后面的章节里面，我们将对 OpenWhisk、Kubeless、Fission 及 OpenFaaS 进行更详细的介绍。

3.4　Serverless 框架和工具

前文介绍了各类公有云与私有云部署的 Serverless 方案。Serverless 应用的架构和传统的应用差异非常大，Serverless 应用往往包含许多细颗粒度的函数。Serverless 应用的运行环境是在远端的云环境之上。此外，当前 Serverless 还没有建立通用的行业规范，每个 Serverless 平台的用户接口都不尽相同。用户在同时使用多个 Serverless 平台时变得困难重重。这些因素都让 Serverless 应用的开发和调试变得相对困难。为了解决这个问题，社区出现了一批框架和工具，以帮助用户降低 Serverless 应用开发、调试和部署的复杂度，提高 Serverless 应用开发的工作效率。

3.4.1　Serverless Framework

Serverless Framework（https://github.com/serverless/serverless）是一款帮助用户构建、部署和管理在不同 Serverless 平台之上应用的命令行工具。

Serverless Framework 是由 Node.js 编写的一个命令行工具。如图 3-17 所示，通过这个命令行工具，用户可以选择不同 Serverless 平台的应用模板快速创建出一个 Serverless 应用的框架。通过简单的命令，用户可以将应用发布到指定的 Serverless 平台上。

图 3-17　Serverless Framework 示例

当前 Serverless Framework 支持的平台有 AWS Lambda、Azure Cloud Functions、Google Cloud Functions、IBM OpenWhisk、Kubeless 以及 Webtask 等。Serverless Framework 基于插件的架构使得其非常容易被扩展，因此社区中存在许多基于 Serverless Framework 实现的增强插件。

3.4.2 Chalice

Chalice（https://github.com/aws/chalice）是 AWS 官方支持的开源项目。Chalice 是基于
Python 实现的一个简单框架，用于简化用户定义和部署 AWS Lambda 应用。

Chalice 提供了一个命令行，通过这个命令行，用户可以快速部署和管理 AWS Lambda
的应用。如下面代码所示，用户通过命令行可以快速建立一个名为 helloworld 的项目的
框架。

```
$ pip install chalice
$ chalice new-project helloworld
$ ls -la
drwxr-xr-x   .chalice
-rw-r--r--   app.py
-rw-r--r--   requirements.txt
```

此外，Chalice 让用户可以用 Python 的语法定义 AWS Lambda 和 API Gateway 的对象。
下面示例项目的代码定义了一个 AWS Lambda 应用及一个函数，并将 URL 路径 "/" 与该
函数进行了关联。

```
from chalice import Chalice

app = Chalice(app_name="helloworld")

@app.route("/")
def index():
    return {"hello": "world"}
```

通过 Chalice 命令行，用户可以快速地将这个应用部署到远端的 AWS Lambda 平台上。
部署完毕后，就可以马上访问这个 Serverless 应用了。

```
$ chalice deploy
...
Initiating first time deployment...
https://qxea58oupc.execute-api.us-west-2.amazonaws.com/api/

$ curl https://qxea58oupc.execute-api.us-west-2.amazonaws.com/api/
{"hello": "world"}
```

3.4.3 Claudia.js

Claudia.js（https://github.com/claudiajs/claudia）是一个 AWS Lambda 的部署工具。从
Claudia.js 的名字可以很容易地猜出它是用 Node.js 实现的。和前文介绍的 Chalice 类似，
Claudia.js 提供了命令行和一些辅助的 Node.js 类帮助用户创建、部署和管理 AWS Lambda
的应用。

Claudia.js 只支持 Node.js 的 AWS Lambda 应用。它的目标是简化 Node.js AWS Lambda 的构建和部署，为 Node.js 开发者提供更好的用户体验。Claudia.js 是一个非常专注于特定场景的工具，它的功能并不复杂，因此上手非常容易。

下面是 Cloudia.js 的一个简单例子。用户通过 create 指令创建一个 AWS Lambda 项目。

```
$claudia create --name hello-world --region us-east-1 --handler
main.handler
```

用户在文件 main.js 中定义函数逻辑。

```
/*global exports, console*/
exports.handler = function (event, context) {
    'use strict';
    console.log(event);
    context.succeed('hello world');
};
```

通过 update 指令将函数部署到远端 AWS Lambda 平台上。

```
claudia update
```

3.4.4　Apex

Apex（https://github.com/apex/apex）是一款用 Go 语言编写的 AWS Lambda 工具，帮助用户部署和管理 AWS Lambda 应用。Apex 支持多种语言，如 Node.js、Python、Java、Go 等 AWS Lambda 默认支持的语言。同时，它还通过 Shim 支持 AWS Lambda 原生不支持的语言，如 Rust 和 Clojure 等。

Apex 与 Serverless Framework、Chalice 及 Claudia.js 在功能上有重叠的地方，但是每个工具又各有自己的侧重点。Apex 专注于 AWS Lambda 平台，而且支持多种不同的语言。其最大的特色在于通过 Shim 的方式可以支持 AWS Lambda 官方原生所不支持的编程语言。

3.4.5　Spring Cloud Function

毫无疑问，Spring 是最受 Java 程序员欢迎的 Java 编程框架。Spring Cloud Function 是 Spring 针对 Serverless 架构推出的一个新项目。Spring Cloud Function 项目希望提供一种与具体平台无关的 Serverless 应用的开发模式。通过 Spring Cloud Function，Java 程序员可以使用他们所熟悉的 Spring 和 Spring Boot 的特性（如依赖注入及通过注解自动配置应用等）来开发 Serverless 应用，并将应用部署和运行在不同的云平台上。

Spring Cloud Function 项目 GitHub 主页：https://github.com/spring-cloud/spring-cloud-function。

3.4.6　AWS SAM

AWS SAM（如图 3-18 所示）的全称是 AWS Serverless Application Model，它是 AWS 推出的一个 Serverless 应用的定义规范。SAM 的目的是让用户可以更清晰和便捷地定义基于 AWS Lambda 的 Serverless 应用。用户根据 SAM 的规范编写 JSON 或者 YAML 格式的 Serverless 应用模板，再通过命令行工具对定义好的应用进行本地测试，并最终发布到 AWS Lambda 平台上。

MEET SAM.　　USE SAM TO BUILD TEMPLATES THAT DEFINE YOUR SERVERLESS APPLICATIONS.　　DEPLOY YOUR SAM TEMPLATE WITH AWS CLOUDFORMATION.

图 3-18　Serverless 应用定义规范 SAM

图片来源及 SAM 项目 GitHub 主页：https://github.com/awslabs/serverless-application-model。

AWS 默认提供 CloudFormation 作为其云服务各类资源的定义模板。SAM 则是专门针对 Serverless 应用所定义的模板规范，语法更加简洁。用户用 SAM 的规范定义好 Serverless 应用后，相关的 SAM 模板最终将会被翻译成 CloudFormation 模板后再进行部署。

下面是 SAM 模板的一个简单例子。该模板中定义了一个 Node.js 函数 helloworld。

```
AWSTemplateFormatVersion: '2010-09-09'
Transform: 'AWS::Serverless-2016-10-31'
Description: A starter AWS Lambda function.
Resources:
    helloworld:
        Type: 'AWS::Serverless::Function'
        Properties:
            Handler: index.handler
            Runtime: Node.js6.10
            CodeUri: .
            Description: A starter AWS Lambda function.
            MemorySize: 128
            Timeout: 3
```

为了方便用户测试 SAM 定义的 Serverless 应用，AWS 推出了一个名为 SAM Local 的工具。通过 SAM Local（https://github.com/awslabs/aws-sam-local），用户可以在本地开发环

境测试用户用 SAM 规范所定义的模板。

3.4.7　小结

本节介绍了各种加速 Serverless 应用开发、部署和管理的工具。表 3-3 汇总了各种工具的信息，供读者参考。用户可以根据所使用的 Serverless 平台、函数应用的开发语言等因素选择合适的工具。

表 3-3　Serverless 框架与工具比较

	Serverless Framework	Chalice	Claudia.js	Apex	Spring Cloud
类型	框架工具	框架工具	工具	工具	编程框架
实现语言	Node.js	Python	Node.js	Go	Java
项目模式	开源项目	开源项目	开源项目	开源项目	开源项目
厂商支持		AWS			Spring
支持平台	AWS Lambda、Azure Functions、Google Cloud Platform、OpenWhisk、Kubeless	AWS Lambda	AWS Lambda	AWS Lambda	AWS Lambda、Azure Functions、Google Cloud Platform、OpenWhisk 等
支持语言	JavaScript、Python、C#、Go 等	Python	Node.js	Node.js、Python、Java、Go、Rust 等	Java

3.5　Serverless 后台服务

在 Serverless 架构中，除了应用的无服务器化外，应用所依赖的第三方服务的无服务器化也是一块庞大的内容。作为一个完整的系统，应用往往需要数据库、消息队列、缓存、安全验证等各类服务的支持。作为种类和数量繁多的后台服务，它们的一个共同特点就是无须用户运维，用户无须关心这些服务底层的基础设施。

1. 公有云服务

公有云服务对用户而言无疑是管理成本最低的选择。AWS 的数据库服务 DynamoDB、Azure 的数据库服务 Cosmos DB、Auth0 等服务都是 Serverless 后台服务的典型例子。用户只要按需求购买所需要的服务即可，而不需要耗费精力去管理这些服务底层的基础架构。随着目前大数据和人工智能的流行，各大云平台也开始推出各种数据分析和人工智能的服务。随着时间的推移，各大公有云平台的服务类型日趋丰富，用户构建 Serverless 应用所用的后台服务的选择也越来越多。

2. 私有云服务

这几年，许多企业为了加速应用开发，也开始在私有的数据中心构建各类应用依赖的基础服务，如 DBaaS（Database as a Service）、MQaaS 和 Redis-aaS 等。用户通过 API 的方式可以快速地获取数据库、消息队列和缓存资源。

开源的领军公司 Red Hat 公司推出了基于 Docker 和 Kubernetes 的 PaaS 平台 OpenShift。通过像 OpenShift 这样的容器 PaaS，用户可以快速实现 Everything-as-a-Service 或者 xPaaS。这使得在私有数据中心搭建 Serverless 后台服务的复杂度大大降低。

OpenShift 是 Red Hat 支持的一个开源容器平台项目，项目主页：https://www.openshift.org。

3.6 本章小结

本章介绍了 Serverless 的各种技术实现，包含各类在互联网上的公有云服务以及用户可以在私有环境中部署的 Serverless 框架和平台。在公有云方面，AWS Lambda、Azure Functions 和 Google Cloud Functions 为用户提供了不同的选择。

与国外相比，国内的 Serverless 市场虽有跟进，但是起步相对较晚。阿里云和腾讯云都推出了 Serverless 计算平台，但是就目前两个平台的产品完善程度来看，还有很长的路要走。Serverless 是云计算的一个必然趋势，相信随着时间的推移，国内的 Serverless 平台也会越来越成熟。

虽然公有云是 Serverless 的主战场，但是私有化的 Serverless 实现仍然有一定的市场空间。随着容器技术的日益成熟，用户在私有化环境中构建和管理大规模计算集群的门槛变得空前低下。OpenWhisk、Fission、Kubeless 和 OpenFaaS 等开源项目可以让容器平台快速获得 Serverless FaaS 的能力，从而实现私有环境的 Serverless FaaS 平台。

后面的章节将对几个比较有代表性的 Serverless 实现进行详细介绍。

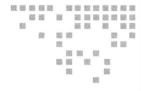

AWS Lambda

Amazon Web Services（AWS）是 Amazon 公司提供的公有云服务。AWS Lambda 是 AWS 的 Serverless 计算服务。与其他同类平台相比，AWS Lambda 的推出时间较早，发展历程较长。了解 AWS Lambda，是了解当下 Serverless 技术发展的重要一环。

通过本章的内容，你将了解：

❑ AWS 平台对 Serverless 的支持。

❑ AWS Lambda 的功能和特性。

❑ 如何通过 AWS Lambda 开发一个 Serverless 应用。

4.1 AWS

自 2002 年推出以来，经过了十余年的发展，AWS 已经发展成为一个庞大的云服务体系。如图 4-1 所示，它涵盖了计算、存储、数据库、网络、开发工具、安全、数据分析、AR、VR 及人工智能等服务。用户可以通过各类 AWS 云服务快速地组合出满足各种业务场景的应用架构。

AWS 在全球各地构建了众多数据中心。通过 AWS 的云服务，构建高可用、弹性扩展并且全球分布的应用的难度大大降低。用户根据用量对 AWS 的云服务进行付费。过去，只有一些实力雄厚的大企业才能接触到的基础架构，现在对于一些初创型的企业也变得触手可及。用户无须花费巨资在全球各地构建数据中心，也不用运维庞大的基础架构资源池。这种按需付费的模式为许多中小企业降低了创新的成本。

图 4-1　AWS 云服务目录

4.2　AWS Serverless

AWS 是 Serverless 技术的重要推动者。2014 年推出的 AWS Lambda 是 Serverless 技术发展的一个重要里程碑。因为这几年 AWS Lambda 的流行，很多人自然而然地认为 AWS 的 Serverless 就是 AWS Lambda。从前文的介绍你已经了解到 Serverless 不仅仅是 FaaS，还应该包含 BaaS 的能力。从广义的 Serverless 来看，AWS Lambda 是 AWS Serverless 能力中一个重要的组成部分，为 AWS 上的 Serverless 应用提供计算能力。因此，从广义上而言，AWS 平台上所有能让 AWS Lambda 消费的云服务都是 AWS Serverless 能力的组成部分。

表 4-1 汇总了作为一个 Serverless 平台 AWS 提供的相关能力，以及各类能力相关的 AWS 产品与服务。由于篇幅所限，本书将专注于对 AWS Lambda 的介绍。

表 4-1　AWS Serverless 能力与产品服务

能　　力	说　　明	AWS产品与服务
云计算逻辑	提供 Serverless 的计算能力	函数式计算平台 Lambda
		容器 Serverless 平台 Fargate
编排与状态	对多个服务和函数进行编排	编排服务 Step Functions
应用架构	定义描述 Serverless 以便共享与重用	架构规范 SAM
数据源	为 Serverless 应用提供数据持久化能力	对象存储服务 S3
		数据库服务 DynamoDB
数据处理与分析	为 Serverless 应用提供数据处理和分析的能力	消息服务 SNS、SQS
		数据服务 Kinesis、Athena
安全与访问控制	为 Serverless 提供安全保障和访问控制	网关服务 API Gateway
		身份认证服务 IAM
		身份管理服务 Cognito
		虚拟网络服务 VPC
高可用与性能	为 Serverless 应用提供高可用和高性能计算	函数式计算平台 Lambda
全局部署	让 Serverless 应用可以部署在不同平台和不同地域	全球多数据中心 AWS Region
		IoT 组件 GreenGrass
开发与生态	提高 Serverless 应用开发、测试、部署和管理的效率	测试部署工具 Chalice、SAM Local
		部署服务 CodePipeline
		开发工具 Cloud9、Lambda Eclipse 插件、Lambda VS Studio 插件、Lambda SDK

4.3　AWS Lambda 概述

AWS Lambda 是一个事件驱动的函数计算平台、一个 Serverless FaaS 平台和 AWS 公有云平台 Serverless 能力的核心组件。通过 AWS Lambda，用户可以定义函数代码逻辑。AWS Lambda 负责在特定事件发生时执行用户的代码逻辑。当同时有多个请求到达时，AWS Lambda 负责根据负载实例化若干个用户代码逻辑的实例响应请求。用户不需要关心运行这些代码逻辑的底层计算资源，只需专心实现业务需求的代码逻辑。

如图 4-2 所示，AWS Lambda 包含如下几个重要的组件：函数、事件源及事件。

1. 函数

函数（Function）是 AWS Lambda 的执行单元，它往往是一段无状态的代码片段。函数定义了用户需要执行的业务逻辑。用户可以使用 Node.js、Python、Java、C# 及 Go 等语言编写函数逻辑。

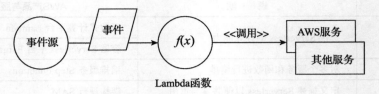

图 4-2　AWS Lambda 函数计算平台

2. 事件源

事件源（Event Source）是触发 AWS Lambda 函数执行的触发方。事件源可以是 AWS 上的云服务，也可以是第三方的应用服务。举个例子，比如用户向 S3 存储服务上上传了一个文件，此时 S3 将产生一个文件上传的事件。用户可以配置 S3 使其成为 AWS Lambda 的事件源，将事件发送给 Lambda 函数进行处理。

3. 事件

事件（Event）描述了触发 AWS Lambda 函数的原因。事件对象中包含来自事件源的详细信息。事件可以作为函数的输入参数。函数根据具体事件的信息进行业务处理。比如，当接收到了 S3 文件上传事件的通知时，Lambda 函数根据文件的类型对文件进行加工处理。

4.4　第一个 Serverless 应用

让我们先来通过一个简单的例子来实际了解一下 AWS Lambda 的功能和特点。这是本书中第一个动手的例子，也是第一个 Serverless 架构的应用。按照 IT 界不成文的惯例，第一个例子一般都与 Hello World 有关。本书的第一个应用示例也将输出"Hello World!"。

4.4.1　获取 AWS 账号

要使用 AWS Lambda，首先必须要拥有一个 AWS 账号。如果你还没有 AWS 账号，请根据下面的提示进行注册。如果读者已经有了一个 AWS 账号，可略过本小节的内容。

用户可以在 AWS 的网站上免费注册 AWS 公有云账号。首先，请通过浏览器访问网址 https://portal.aws.amazon.com/billing/signup，如图 4-3 所示，你会看到 AWS 的注册页面。可以在该页面的右上角选择显示语言。请根据提示逐步完成 AWS 账号的注册。

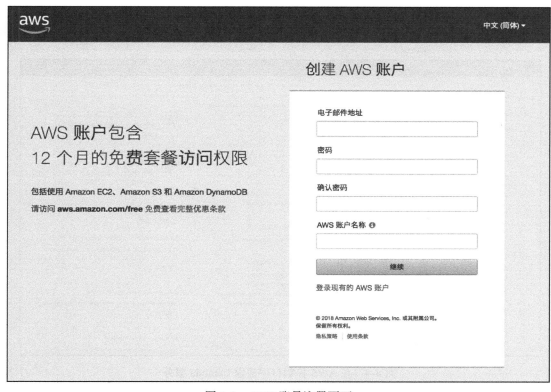

图 4-3　AWS 账号注册页面

　　注册的过程需要有效的电子邮箱、电话号码和信用卡。目前 AWS 针对新注册用户提供了一系列的免费优惠。我们将会用到的 AWS Lambda 服务，默认每个月有 100 万次免费的调用。这对于本书的学习而言完全足够。

> **注意**　AWS 在中国的服务由其中国区的合作伙伴提供，截至本书完稿之时，AWS 中国区域的服务只针对企业开放。个人用户可以注册和使用 AWS 其他区域的服务。

4.4.2　AWS Lambda 控制面板

　　完成 AWS 账号的注册后，可以通过下面的网址登录 AWS 的管理控制台。通过管理控制台，用户可以对 AWS 的各类云服务进行配置。

```
https://console.aws.amazon.com/console/home
```

　　如图 4-4 所示，在 AWS 管理控制台中搜索 Lambda，即可看到 Lambda 服务的菜单项出现在菜单中。单击菜单项 Lambda 进入 AWS Lambda 控制台的欢迎页面。单击欢迎页面左侧菜单中的"控制面板"即可进入 Lambda 服务的控制面板，如图 4-5 所示。在该页面下方可以选择页面的显示语言。

图 4-4　在 AWS 控制台中搜索 Lambda 服务

图 4-5　AWS Lambda 控制面板

4.4.3　创建函数

在 Lambda 控制面板中单击页面上方的按钮"创建函数"。此时，浏览器将显示创建函数的页面。在创建函数页面可以看到几种函数创建的方式：从头创建、从预定义的模板创建以及部署 AWS 的 Serverless 应用市场的应用。在本例中，请选择"从头开始创建"。在如图 4-6 所示的页面中依次输入所需的输入项，如表 4-2 所示。

图 4-6　创建函数页面

表 4-2　创建函数输入项

输入项目	输入值	说明
名称	func-hello-world	函数的名字
运行语言	Node.js 6.10	目前 AWS Lambda 支持多种编程语言，本例使用 Node.js 作示范
角色	从模板创建新角色	AWS Lambda 函数在执行时受到 AWS 平台的安全管控，因此需要为每个函数关联相应的角色以赋予相关的资源访问权限
角色名称	func-hello-world-role	
策略模板	简单微服务权限	使用预定义的资源访问权限

参数输入完毕后，单击页面右下方的按钮"创建函数"完成函数的创建。

4.4.4 编辑函数

当创建完成后，页面将转跳至函数 func-hello-world 的编辑页面。用户可以在这个编辑页面添加函数源代码和相关配置，如图 4-7 所示。

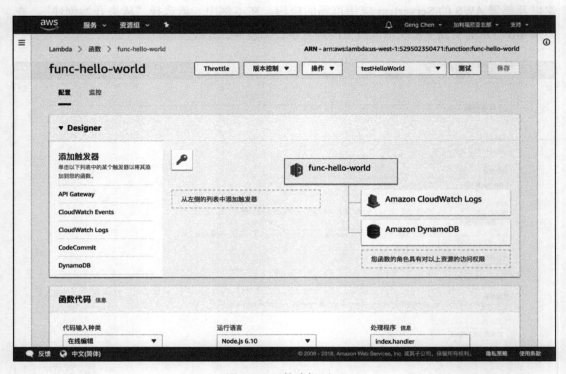

图 4-7　函数编辑页面

在函数编辑页面，选择函数 func-hello-world 所在的方块，可以看到页面的下方出现了代码编辑器，如图 4-8 所示。在代码编辑器中已经有了一些示例代码，将示例代码的内容替换成下面的内容。这段 Node.js 的代码很简单，运行后将返回一个简单 JSON 对象。

```
exports.handler = (event, context, callback) => {

    var body = "{'message':'Hello World!'}";

    var response = {
        "statusCode": 200,
        "body": body,
    };

    callback(null, response);
};
```

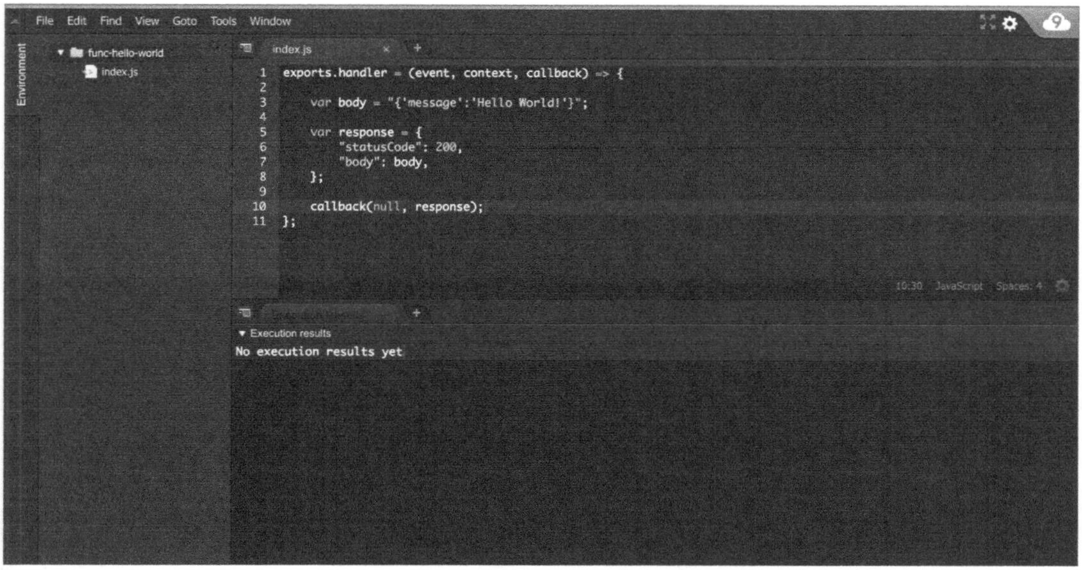

图 4-8　函数代码编辑界面

4.4.5　测试函数

代码修改完毕后，单击页面右上方的"保存"按钮。然后单击"测试"按钮。此时将弹出"编辑测试事件"对话框。在"编辑测试事件"对话框中选择"创建新测试事件"，并输入测试事件名称 testHelloWorld，然后单击"创建"按钮。

回到控制面板，可以看到测试事件 testHelloWorld 已经被选中，再次单击"测试"按钮，测试平台将执行函数测试。测试完成后，页面上可以看到测试的返回结果。如图 4-9 所示，函数测试成功，代码被成功执行了，并返回了包含字符串"Hello World!"的 JSON 对象。

4.4.6　外部访问

刚才我们通过平台的测试功能执行了函数。下面我们将把函数发布到互联网上，让互联网上的用户也可以调用这个函数。要实现这个功能，需要借助 AWS 上的 API 网关服务的能力。

在函数 func-hello-world 的编辑界面中单击触发器列表中的选项 API Gateway 添加 API 网关组件。API 网关组件添加完毕后，API Gateway 组件的图标将出现在架构图中，如图 4-10 所示。

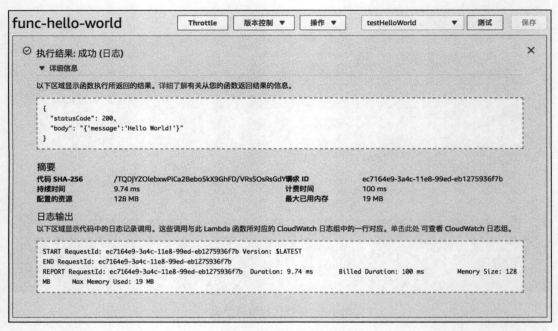

图 4-9　函数测试结果

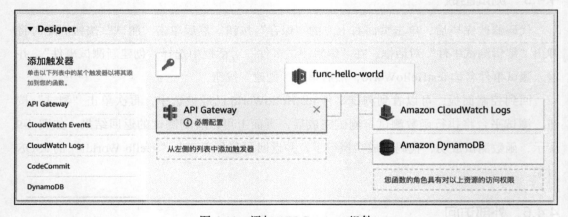

图 4-10　添加 API Gateway 组件

选中设计界面中的 API Gateway 组件，页面的下方将会出现 API 相关的配置项。在输入框 API 的下拉菜单中选择菜单项"创建新 API"。按图 4-11 所示输入相应的参数。API 的名称为 FuncHelloWorld、部署阶段为 test，安全性设置为"打开"。

💡 提示　安全性的下拉菜单项"打开"在英文界面中为"Open"，其实中文翻译为"公开"或"开放"更为合适。

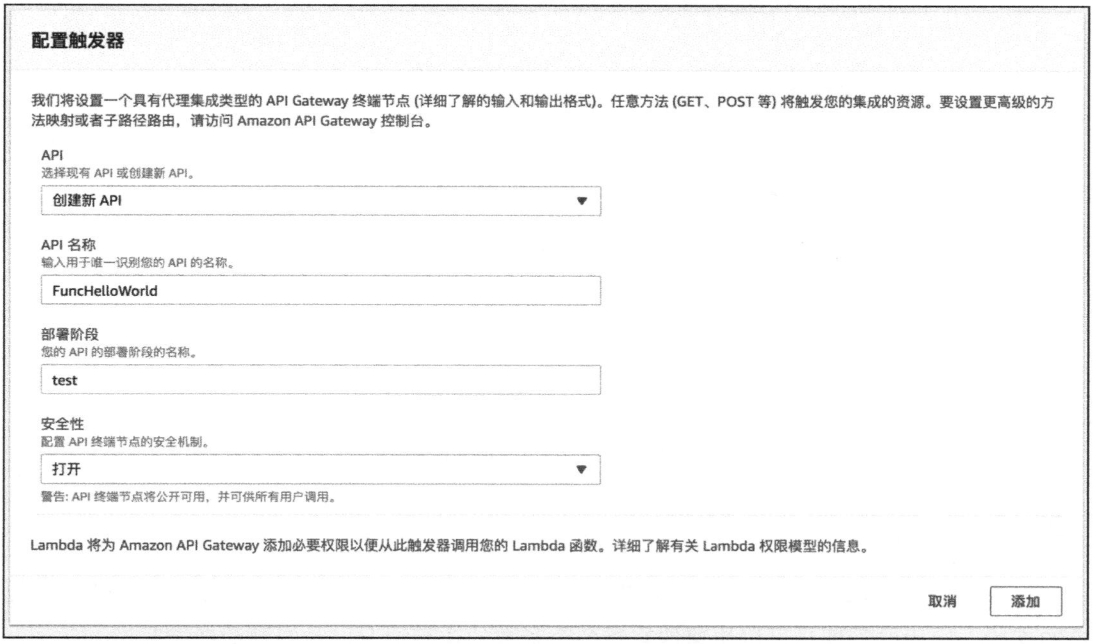

配置触发器

我们将设置一个具有代理集成类型的 API Gateway 终端节点 (详细了解的输入和输出格式)。任意方法 (GET、POST 等) 将触发您的集成的资源。要设置更高级的方法映射或者子径路由，请访问 Amazon API Gateway 控制台。

API
选择现有 API 或创建新 API。

创建新 API ▼

API 名称
输入用于唯一识别您的 API 的名称。

FuncHelloWorld

部署阶段
您的 API 的部署阶段的名称。

test

安全性
配置 API 终端节点的安全机制。

打开 ▼

警告: API 终端节点将公开可用，并可供所有用户调用。

Lambda 将为 Amazon API Gateway 添加必要权限以便从此触发器调用您的 Lambda 函数。详细了解有关 Lambda 权限模型的信息。

取消　　添加

图 4-11　创建新 API

参数输入完毕后单击页面右下方的"添加"按钮，之后可见 API 被成功添加。如图 4-12 所示，此时可以看到新创建的 API 的详细信息，包括其可被外部调用的 URL 网址。

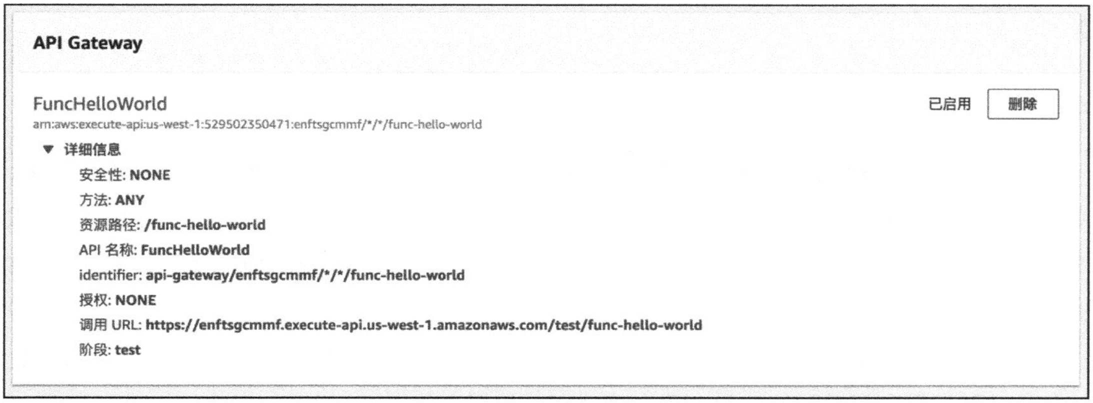

API Gateway

FuncHelloWorld　　　　　　　　　　　　　　　　　　　　已启用　删除
arn:aws:execute-api:us-west-1:529502350471:enftsgcmmf/*/*/func-hello-world

▼ 详细信息
安全性: NONE
方法: ANY
资源路径: /func-hello-world
API 名称: FuncHelloWorld
identifier: api-gateway/enftsgcmmf/*/*/func-hello-world
授权: NONE
调用 URL: https://enftsgcmmf.execute-api.us-west-1.amazonaws.com/test/func-hello-world
阶段: test

图 4-12　新建的 API 详细信息

通过浏览器访问 API 的对外 URL，即可以看到浏览器中显示在 Lambda 函数中定义的返回值，如图 4-13 所示。

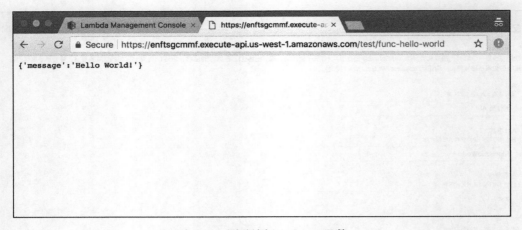

图 4-13　测试访问 Lambda 函数

4.4.7　运维监控

运维监控是应用运维中必不可少的内容。AWS Lambda 默认为各个函数应用提供了监控的支持。应用的管理员可以快速地查看各个函数的执行情况以及资源消耗情况。

在函数 func-hello-world 的主界面单击页面上方的"监控"标签，浏览器将会跳转到函数的监控页面。在监控页面上可以看见关于函数 func-hello-world 的相关统计信息，包括调用计数、调用持续时间、调用错误等，如图 4-14 所示。相关的监控信息是由 AWS CloudWatch 服务收集和展现的。通过这些信息，函数的开发人员和管理员可以实时掌握函数的运行情况。

4.4.8　回顾

在本小节里，我们创建了一个名为 func-hello-world 的函数，并添加了自定义的逻辑。当函数定义和配置完成后，通过浏览器我们成功地调用了函数并返回。在这个过程中，我们并没有对代码进行编译、构建或者部署。AWS Lambda 函数在我们访问指定的 URL 时自动加载函数并执行它。

在定义函数 func-hello-world 的过程中，你也许已经注意到了 Lambda 提供的一些选项，如角色、触发器和函数运行时等。后文将对相关的概念分别进行介绍。

4.5　权限控制

作为一个公有云服务，AWS 平台上运行着成千上万个用户的代码。因此，AWS 是一个有着严格权限管控的平台。AWS Lambda 作为一个计算平台，其上所运行的代码也受到 AWS 平台权限模型的严格管控。因此，我们在定义函数时，需要为函数指定一个权限角色，并保证该角色具备相应的权限。在创建函数 fun-hello-world 的例子中，我们通过基于一个预定义好的权限角色模板创建了一个新的权限角色 func-hello-world-role。这个新创建的权限角色被赋予了相应的权限，以确保函数在运行时可以有权访问到所需要的资源，如监控及日志组或者其他 AWS 云服务。

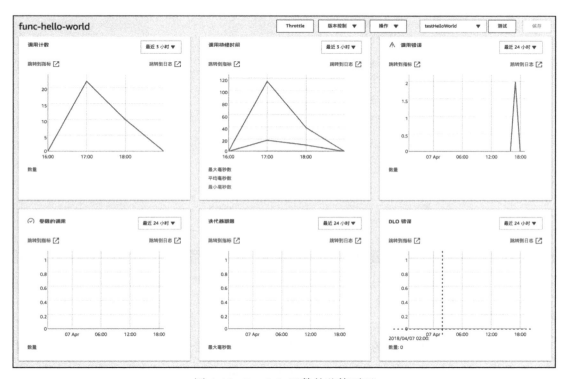

图 4-14　Lambda 函数的监控页面

4.5.1　IAM

AWS IAM（Identify and Access Management）是 AWS 平台上权限管理的核心服务。在 AWS Lambda 函数创建界面中所创建的角色实际上就是 IAM 中的角色（Role）。用户在 AWS IAM 的控制台中可以看到前文创建的角色 func-hello-world-role 的具体定义。通过下面的网址，用户可以打开 AWS IAM 的控制台。

```
https://console.aws.amazon.com/iam
```

如图 4-15 所示，角色 func-hello-world-role 关联了两个策略（Policy），这两个策略允许该角色向 DynamoDB 和 CloudWatch 写入数据。在 AWS IAM 中用户可以定义用户（User）、组（Group）、角色（Role）和策略（Policy）进行权限管控。下面我们将对这些权限组件的用途进行介绍。

图 4-15　IAM 中角色 func-hello-world-role 的定义

4.5.2　策略

策略是 AWS 权限模型中的规则，其中定义了权限所有者可以对什么服务的什么资源进行什么操作。图 4-16 所示的是角色 func-hello-world-role 所引用的其中一条策略。该策略定义了权限所有者可对 CloudWatch Logs 服务的特定资源进行写入操作。因此函数 func-hello-world 具备了在 CloudWatch Logs 服务中写入日志信息的能力。用户可以根据需要定义若干条策略，并规定某一个函数具体可以对哪些资源进行操作。比如，对某一个 S3 的目录具有读写的权限，或者对 DynamoDB 的某一个表具有读取的权限。

4.5.3　角色

角色是 IAM 权限的一种组织方式。用户可以将若干个定义好的策略规则赋予某个角色，然后再将该角色赋予某个用户或组，这样相关的用户和组成员就具备该角色所关联的权限了。在 AWS Lambda 中，用户可以为一个特定的权限需求定义一个角色，然后将该角色赋予若干个有着相同权限需求的 Lambda 函数。

图 4-16　IAM 策略定义

4.6　编程模型

AWS Lambda 支持多种语言作为函数开发语言。在创建函数 func-hello-world 时，我们指定了运行语言为 Node.js 6.10。从运行语言的下拉列表中你可以了解 AWS Lambda 当前支持的函数语言的列表。截至本书完稿时，AWS Lambda 所支持的语言有 Java 8、C#（.NET Core 1.0、2.0）、Node.js（4.3、6.10、8.10）、Go（1.x）及 Python（2.7、3.6）。除了官方支持的编程语言之外，用户还可以通过一些开源社区工具（如 Apex）增加对其他语言的支持。

4.6.1　代码开发

用户可以选择在 Lambda 的控制面板中在线开发函数代码，或者将编写好的代码以压缩包的形式从本地或者 Amazon S3 存储中上传到 Lambda 平台。目前，在 Lambda 控制面板中已经集成了 Amazon 的 Cloud9 在线 IDE。但是并不是所有的语言都支持通过 Cloud9 在线开发，目前只支持 Node.js 和 Python 的在线开发，其他语言则需要通过压缩包的形式上传代码。

> 提示 Amazon S3 是 AWS 的对象存储服务。它就像是一个远程文件服务器，用户可以通过 HTTP 调用上传、下载和管理文件。和传统 FTP 文件服务器不同的是，S3 是一个分布式高可用的、具有海量存储空间的文件服务。详情请参考 https://aws.amazon.com/s3/。

4.6.2　Handler

用户在创建 Lambda 函数时可以提供多个代码的源文件，或者在一个源代码文件中定义多个函数。用户需要告知 Lambda 在函数应用被执行时应该以哪一个具体的函数作为入口。Handler 是一个 AWS Lambda 函数的执行入口。AWS Lambda 会执行 Handler 定义的函数，并且会将上下文对象 Context 传递给该函数。下面是几种不同语言的 Handler 定义示例。

Node.js 的 Handler 示例：

```
exports.handler = function (event, context, callback) {
...
```

Python 的 Handler 示例：

```
def handler(event, context):
    ...
    return "hello world"
```

Java 的 Handler 示例：

```
package com.example;
import com.amazonaws.services.lambda.runtime.Context;

public class Hello {
    public String handler(String name, Context context) {
        return String.format("Hello %s.", name);
    }
}
```

为了有效管理代码的复杂度，AWS 推荐用户尽量使 Handler 函数保持简洁。具体的业务逻辑实现可以在 Handler 函数之外完成，在运行时再由 Handler 函数调用。将业务逻辑和 Handler 函数分离的另一个好处是，可以使函数应用更容易地迁移到其他 Serverless 平台上。

4.6.3　执行上下文

函数对于调用方而言就像一个黑盒子。函数接受输入，然后经过处理给出输出。函数在执行过程中有时也需要获得当前执行环境的上下文信息，比如执行时长等。AWS Lambda

在执行 Handler 入口函数时会将系统的上下文信息通过对象 Context Object 传递给函数，用户在函数内通过 Context Object 可以获取函数执行环境上下文的信息。目前通过 Context Object 可以获取的信息有：

❏ 当前执行实例的函数名称、版本号、资源唯一标识、内存限制、剩余执行时间；

❏ 当前执行实例的 AWS Request ID；

❏ 当前执行实例的日志组名、日志流名称；

❏ 当调用客户端为 AWS Mobile SDK 应用时，用户可以获取客户端的信息。

将下面的代码加入函数 func-hello-world 的函数定义中，保存并执行测试。

```
console.log('functionName =', context.functionName);
console.log('functionVersion =', context.functionVersion);
console.log('AWSrequestID =', context.awsRequestId);
console.log('logGroupName =', context.logGroupName);
console.log('logStreamName =', context.logStreamName);
console.log('remaining time =', context.getRemainingTimeInMillis());
```

在测试结果的日志中可以看到，上下文对象的信息在日志中输出了，如图 4-17 所示。

```
START RequestId: 3c05d2a5-3a71-11e8-a43d-6fa1b8eb76dc Version: $LATEST
2018-04-07T14:37:45.004Z    3c05d2a5-3a71-11e8-a43d-6fa1b8eb76dc    functionName = func-hello-world
2018-04-07T14:37:45.016Z    3c05d2a5-3a71-11e8-a43d-6fa1b8eb76dc    functionVersion = $LATEST
2018-04-07T14:37:45.016Z    3c05d2a5-3a71-11e8-a43d-6fa1b8eb76dc    AWSrequestID = 3c05d2a5-3a71-11e8-a43d-6fa1b8eb76dc
2018-04-07T14:37:45.016Z    3c05d2a5-3a71-11e8-a43d-6fa1b8eb76dc    logGroupName = /aws/lambda/func-hello-world
2018-04-07T14:37:45.016Z    3c05d2a5-3a71-11e8-a43d-6fa1b8eb76dc    logStreamName =
```

图 4-17　上下文对象信息的输出

4.6.4　日志输出

无论你选择用哪种语言编写函数逻辑，和其他传统的应用一样，Serverless 应用也需要在合适的时机输出合适的日志信息，以便进行运维和调试。用户可以在 AWS Lambda 的函数内输出日志信息，并被 AWS 平台收集。正如你在上一小节中所看到的，Node.js 的应用可以通过 console 对象的 log 方法输出日志。Node.js 应用还可以用以下几个方法输出不同级别的日志。

```
console.log()
console.error()
console.warn()
console.info()
```

Python 的应用程序则可以使用 print 方法和 logging 对象输出日志，下面是一个简单的示例。

```
import logging
```

```
logger = logging.getLogger()
logger.setLevel(logging.INFO)
def lambda_handler(event, context):
    logger.info('This is from logger.info!')
    logger.error('This is from logger.error!')
    print('this is from print')
    return 'world'
```

对于 Java 应用而言，用户可以使用标准的 System.out() 和 System.err() 输出日志，也可以通过日志管理库 Log4j 2 输出日志。

4.6.5　异常处理

函数在执行过程中会不可避免地遇到异常的情况。当函数执行出现错误，或者函数主动抛出异常时，Lambda 将会捕捉到异常信息，并以 JSON 对象的形式将异常的信息返回。用户可以在日志中查看异常的信息。下面是 Python 函数的一个异常示例。在这个示例中，代码抛出了一个异常。

```
def lambda_handler(event, context):
    raise Exception('Something goes wrong!')
    return 'hello'
```

当异常被抛出后，AWS Lambda 将捕获异常并输出到日志中，如图 4-18 所示。

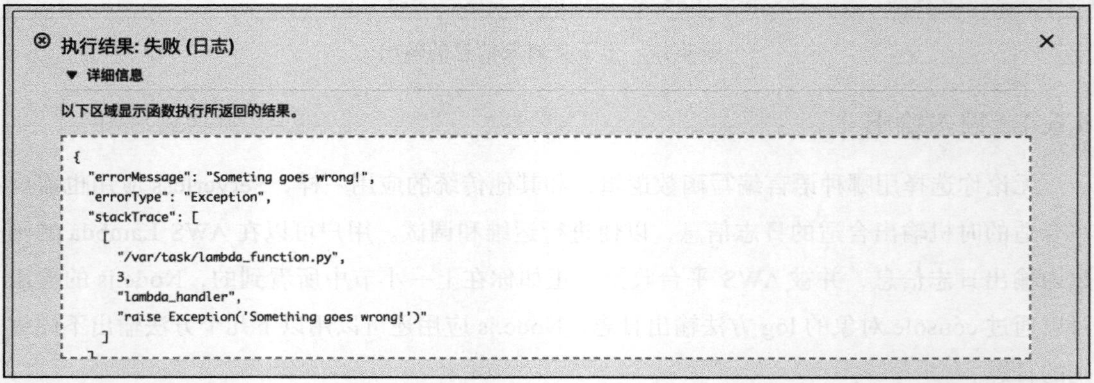

图 4-18　Lambda 捕获的异常日志

4.6.6　无状态

由于函数的执行环境是非持久化的，而且函数将会以多个实例的形式来执行。用户无法预知他们的函数究竟会在哪一台具体的主机上被部署和执行。因此，在编写函数的时候要保证函数是无状态的，函数在处理请求时不会依赖于某一台主机上的文件或者信息。当然，有时不可避免地会遇到一些依赖状态的业务场景。这时，函数执行过程中状态的存取可以通过外部的持久化服务解决，比如 AWS 上的数据库服务 Amazon DynamoDB 或者对象存储服务 Amazon S3。

4.7　事件驱动

作为一个 Serverless FaaS 平台，AWS Lambda 的一个重要特性就是事件驱动。AWS Lambda 支持多种事件源（Event Source），其涵盖了 AWS 上的众多云服务。

4.7.1　事件源

触发 AWS Lambda 函数执行的事件源有多种，表 4-3 列举了一些相关的 AWS 服务。

表 4-3　AWS Lambda 支持的事件源

服 务 名 称	说　　明	场 景 举 例
API Gateway	网关服务	当接收到 HTTP 请求时触发 Lambda 函数
CloudWatch Logs	日志服务	当日志匹配某些关键字时触发 Lambda 函数
CloudWatch Events	事件监控服务	当某事件发生时触发 Lambda 函数
CodeCommit	代码配置库服务	当代码提交或代码分支变化时触发 Lambda 函数
DynamoDB	NoSQL 数据库服务	数据变化时发送通知事件给 Lambda
Kinesis	流式数据服务	接到新数据时触发 Lambda 函数进行处理
S3	对象储存服务	文件创建、修改或删除时触发 Lambda 函数
SNS	消息订阅服务	当新消息到达时触发 Lambda 函数
SES	邮件服务	当新邮件到达时触发 Lambda 函数进行处理
Cognito	身份信息服务	当用户数据变化时触发 Lambda 函数
Cloudformation	资源模板服务	当用户部署资源模板时调用 Lambda 函数执行操作
Alex	智能助手服务	通过 Lambda 函数实现智能助手的服务端逻辑
Lex	人机对话服务	通过 Lambda 函数实现聊天机器人的服务端逻辑
IoT Button	物联网智能硬件	通过 Lambda 实现智能按钮的服务端逻辑
CloudFront	CDN 服务	使用 Lambda 函数处理请求

除上面列举的 AWS 服务之外，用户也可以通过 AWS 的 SDK 或者在第三方应用中通过 Lambda 的 Invoke API 实现触发 AWS Lambda 函数。

前文所列举的 AWS 服务各自有不同的使用场景和配置要求。有关各个服务详细的配置要求，在 AWS Lambda 的官方文档中已有详细的描述，此处不再赘述。

AWS Lambda 事件源文档：https://docs.aws.amazon.com/lambda/latest/dg/invoking-lambda-function.html。

4.7.2　触发模式

当手工触发调用一个 Lambda 函数时，用户可以选择同步模式（Synchronous Invoca-tion）或异步模式（Asynchronous Invocation）。Lambda 函数的调用模式往往和其关联的事件源相关。

AWS Lambda 函数触发的事件源可以是各类 AWS 服务，但是各种服务触发的实现机制并不是完全一样的。Lambda 函数的触发实现机制有两种，一种是推（Push）模式，一种是拉（Pull）模式。

1. 推模式

前文所列举的 AWS 服务可以分为两类，一种是基于数据流（Stream）的服务，一种是非流式的常规 AWS 服务。Kinesis 数据服务和 DynamoDB 数据库的更新通知是属于流式的数据服务，其他大部分的服务为非流式的常规 AWS 服务。

对于常规的 AWS 服务，Lambda 函数的触发方式是推模式，即由事件源主动触发 Lambda 函数，推送事件。一个典型的例子是 S3 对象存储服务。如图 4-19 所示，当用户向 S3 服务添加新文件时，S3 服务将主动通知 Lambda 服务。Lambda 服务接收到事件后将触发指定的函数完成指定的业务操作。

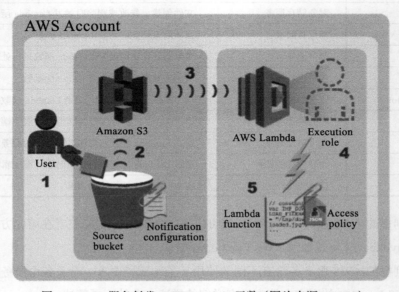

图 4-19　S3 服务触发 AWS Lambda 函数（图片来源：AWS）

2. 拉模式

流式数据服务与 Lambda 的集成则是采用拉模式，即 Lambda 服务主动持续地轮询事件源，在条件满足的情况下执行相应的 Lambda 函数。拉模式的一个例子是 Kinesis 数据服务，如图 4-20 所示。当用户的应用向 Kinesis 服务的数据流插入数据时，持续监控 Kinesis 服务的 Lambda 服务将会获取到事件，然后触发相应的 Lambda 函数。

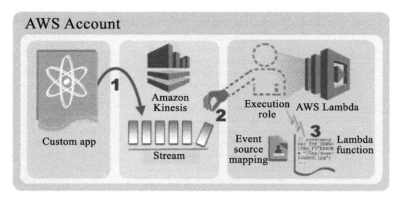

图 4-20　DynamoDB 服务触发 Lambda 函数（图片来源：AWS）

4.8　日志监控

1. 日志

AWS Lambda 函数运行所输出的日志会被 CloudWatch Logs 服务收集。在 CloudWatch 服务的控制台中可以找到 Lambda 函数相关的日志信息。在 CloudWatch 中，每一个函数都有一个以函数名创建的日志组（Logs Group），如图 4-21 所示，函数 func-hello-world 的日志组为 /aws/lambda/func-hello-world。在日志组中会有多个日志流记录具体的日志信息。

Lambda 函数需要在 CloudWatch Logs 服务中存储日志信息，因此 Lambda 函数必须具备写入 CloudWatch Logs 日志组的相应权限。在创建 Lambda 函数时要赋给函数正确的 IAM 角色和策略。

2. 监控

除日志之外，CloudWatch 服务还收集了 Lamba 函数的相关性能指标。如图 4-22 所示，在 CloudWatch 控制台中用户可以查看这些指标，并将其绘制成图表。

图 4-21　CloudWatch 中的 Lambda 函数日志

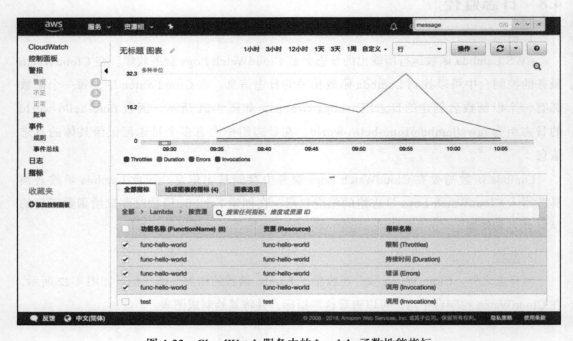

图 4-22　CloudWatch 服务中的 Lambda 函数性能指标

4.9　开发辅助

AWS Lambda 除了提供函数计算环境之外，还提供了一系列提高开发效率的功能，如环境变量、标签和版本控制等。通过这些功能用户可以更好地管理和重用 Lambda 函数。

4.9.1　环境变量

如图 4-23 所示，在定义 Lambda 函数时，用户通过具体的程序代码定义执行逻辑，但是程序中的配置性的信息则不应该硬编码在代码中，而应该通过环境变量的方式实现外部化。比如函数里要调用的 S3 的文件的资源路径，要调用的第三方服务的连接信息在开发、测试和生产环境往往都是不一样的。配置的外部化使得在不同环境下通过配置的修改即可改变代码的执行结果，而不需要重写函数。

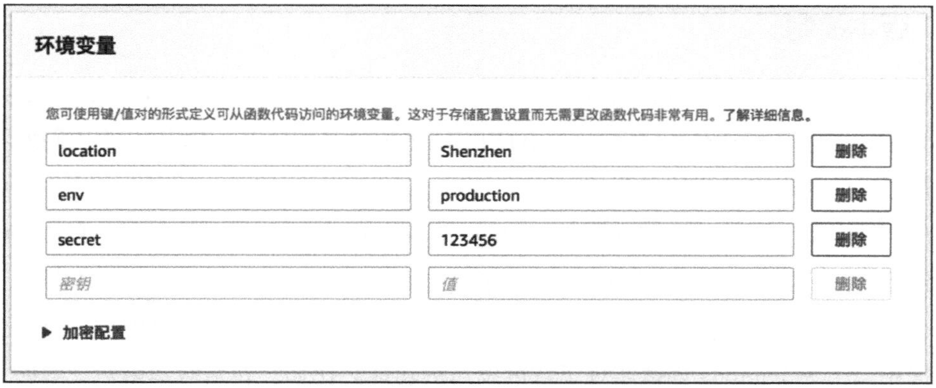

图 4-23　为 Lambda 函数设置环境变量

Lambda 平台在函数执行过程中会将用户定义的环境变量注入执行环境中，用户在函数代码中通过读取执行环境的环境变量就可以获取这些配置信息。Lambda 平台在环境变量的管理上考虑得非常周到，用户甚至可以对环境变量的内容进行加密，这使得在环境变量中存放针对不同环境的用户名和密码等敏感信息变得更加安全。

4.9.2　标签

你可能已经注意到，在创建 Lambda 函数时，并没有项目或者应用的概念。所有的函数默认都是在一个大列表中。Lambda 函数的组织是通过标签（Tag）来实现的。用户可以根据需要给函数添加任意键值对形式的标签，如图 4-24 所示。通过对这些标签的过滤和筛选，用户可以快速地将函数进行分类分组，以达到组织的效果。标签也是 AWS 平台上重要的资源组织方式，用户可以通过筛选标签，对多个资源进行批量操作。

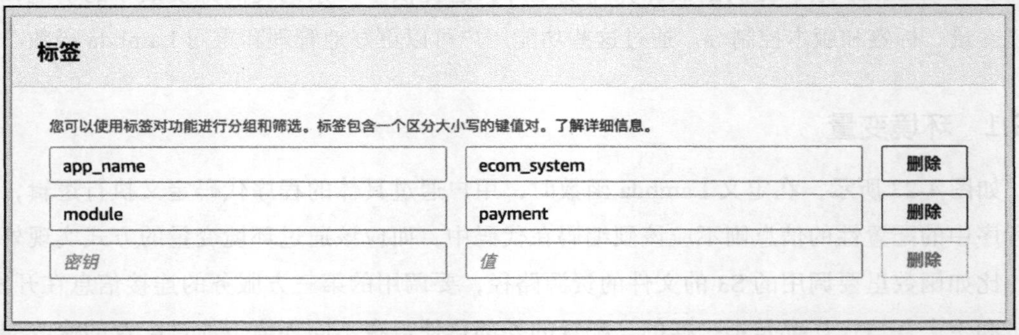

标签

您可以使用标签对功能进行分组和筛选。标签包含一个区分大小写的键值对。了解详细信息。

app_name	ecom_system	删除
module	payment	删除
密钥	值	删除

图 4-24　为 Lambda 函数设置标签

4.9.3　版本控制

Lambda 内置版本控制的能力，用户可以对函数的代码和配置进行版本控制。在 Lambda 的版本管理中，最新代码的版本号为 $LATEST。用户可以基于某一时间点的代码发布新版本以保持当时的代码和配置的快照。

除版本之外，Lambda 还支持别名（Alias）。别名就像指向某个特定版本的 Lambda 函数的指针，用户可以通过别名引用 Lambda 函数，而无须关心其具体指向的版本号。

别名还具有流量分发的作用，用户可以在两个版本的 Lambda 函数之间按权重比例分发流量，这相当于为 Lambda 函数实现了灰度发布的功能。比如，在新版本函数上线时，为了稳妥，可以先分流 20% 的流量到新版本，80% 的流量仍然由老版本处理。随着时间的推移，确认新版本没有问题后，再慢慢将流量完全转发给新版本的函数。在这个过程中，用户通过别名引用 Lambda 函数，因此完全不受切换过程的影响。

4.10　运行限制

AWS Lambda 的一个强大之处在于其可以根据实际的访问量对函数的运行实例进行弹性扩展。这种弹性的计算伸缩能力是建立在 AWS 的云主机基础平台能力之上的。虽然 AWS 平台拥有海量的计算资源，但是 AWS Lambda 所能使用的资源也并不是无边无际的。AWS Lambda 对函数定义了一系列的资源限制。

4.10.1　资源限制

每一个 Lambda 函数执行时都会被加载到 AWS 的 EC2 虚拟主机中。主机的操作系统是 Amazon Linux。表 4-4 是 Lambda 函数执行时的资源限额。

表 4-4　Lambda 函数执行限制

资源名称	限额	资源名称	限额
内存	128～3008MB	最大执行时间	300 秒
可用磁盘空间	512MB 的 /tmp 目录空间	请求负载大小（同步调用）	6MB
可用文件句柄数	1024	请求负载大小（异步调用）	128KB
可用进程句柄数	1024		

4.10.2　并发控制

默认每个 AWS 账户在每个 AWS 区域（Region）的 Lambda 函数的并发最大值为 1000 个实例。如果用户有更高的性能要求，可以联系 AWS 的客服提升并发的上限值。

为了保障重要的应用，用户可以在 Lambda 中为一些函数预留（Reserved）一定的执行并发实例数。比如，用户有 100 个 Lambda 函数，其为某个函数保留了 100 个执行并发，那么其他 99 个函数所能达到的并发实例数最大则为 900 个。这样可以确保一些重要的函数执行时总是有足够的资源。

4.11　配置与部署

前面我们通过控制台创建和配置了函数应用。通过 Web 控制台可以直观地进行配置操作，但是缺点是这种方式依赖于人工，不能自动化。如果用户需要自动化地部署函数应该怎么做呢？AWS 为 Lambda 建立了一套架构描述规范 SAM（Serverless Application Model）。

SAM GitHub 仓库：https://github.com/awslabs/serverless-application-model。

通过基于 YAML 格式的 SAM 描述文件，用户可以定义一个具体 Lambda 函数的各类配置信息，如运行环境、资源限制、API 网关、权限等。通过 SAM，用户实现了 Lambda 函数配置的代码化，使得这些配置可以被纳入代码版本管理中。这些配置的变化可以被有效地管理起来，使得日后的维护和管理变得更加有迹可循。通过 SAM 描述文件，用户可以更容易地实现自动化部署和配置。

在 AWS 推出 SAM 以前，AWS 上通过 CloudFormation 定义各类云服务的配置，包括 AWS Lambda。CloudFormation 的优点在于可以定义绝大多数 AWS 云服务的配置，但是由于其不是专门针对 AWS Lambda 的，因此使用 CloudFormation 定义 AWS Lambda 的函数应用显得过于复杂。SAM 的出现简化了 AWS Lambda 应用的定义。

在函数 func-hello-world 的主页上点击"操作"按钮，然后选择菜单项目"导出函数"，这时 AWS Lambda 将显示导出函数的对话框，如图 4-25 所示。选择"下载 AWS SAM 文件"，就可以下载函数 func-hello-world 对应的 SAM 描述文件了。

图 4-25　导出 AWS Lambda 函数

下面是函数 func-hello-world 的 SAM 描述文件的内容。通过这个 SAM 描述，你可以看到前面所创建函数的详细定义。

```
AWSTemplateFormatVersion: '2010-09-09'
Transform: 'AWS::Serverless-2016-10-31'
Description: An AWS Serverless Specification template describing your function.
Resources:
    funchelloworld:
        Type: 'AWS::Serverless::Function'
        Properties:
            Handler: index.handler
            Runtime: nodejs6.10
            CodeUri: .
            Description: ''
            MemorySize: 128
            Timeout: 3
            Role: 'arn:aws:iam::529502350471:role/service-role/func-hello-world-role'
            Events:
                BucketEvent1:
                    Type: S3
                    Properties:
                        Bucket:
                    Ref: Bucket1
            Events:
                - 's3:ObjectCreated:*'
```

```
          Api1:
              Type: Api
              Properties:
                  Path: /func
                  Method: GET
          Api2:
              Type: Api
              Properties:
                  Path: /func-hello-world
                  Method: ANY
      Environment:
          Variables:
              env: production
              location: Shenzhen
              secret: '123456'
      Tags:
          app_name: ecom_system
          module: payment
  Bucket1:
      Type: 'AWS::S3::Bucket'
```

当用户通过 SAM 定义 Lambda 应用后，在正式部署前还需要进行本地测试。AWS SAM Local 是一个由 Python 实现的命令行工具。通过 SAM Local，用户可以在本地开发环境中运行和调试 SAM 定义的 AWS Lambda 应用。SAM Local 可以模拟事件源的事件输出，启动本地 API 网关实例。测试完毕后，用户可以通过 SAM Local 打包 Lambda 应用，并最终将其部署到 AWS Lambda 云平台上。通过 SAM 和 SAM Local，Lambda 用户可以更容易地定义 Lambda 应用，并在本地和远端进行 Lambda 应用的测试，实现 CICD 流水线。关于 SAM Local 详细的使用方法，请参考其 GitHub 仓库的文档和示例。

SAM Local GitHub 仓库：https://github.com/awslabs/aws-sam-cli。

4.12　本章小结

本章对 AWS Lambda 的一部分重点功能进行了介绍。通过一个简单的例子创建了第一个 Serverless 架构的应用。这个应用虽然简单，但是包含 Serverless 应用的许多特点。对 AWS Lambda 的介绍，其实也是对当前业界 Serverless 技术发展的一次检阅。AWS Lambda 是目前市场上广受认可的 Serverless 计算平台，了解 AWS Lambda 对于使用其他 Serverless 平台或者构建私有 Serverless 架构平台有着非常重要的参考意义。

对于 AWS Lambda 的介绍完全可以单独写一本书，本章的目标并不是要详细介绍 AWS

Lambda 所有的功能特点，而是希望通过对 AWS Lambda 平台重要功能的介绍让读者从宏观上了解 Serverless 平台的实现。从本章的内容可以看到，一个完整的 Serverless 平台除了函数的执行环境之外，还需要提供 API 网关、安全、日志、监控、开发支持以及与各类服务的集成等各个方面的能力。当我们对一个 Serverless 平台进行评估和选择时，这些方面都应该在考虑的范畴中。

AWS Lambda 是 AWS Serverless 的旗舰服务。随着容器的流行，AWS 在其容器服务 ECS（Elastic Container Service）的基础上推出了容器 Serverless 服务 AWS Fargate（https://amazonaws-china.com/fargate/）。通过 AWS Fargate，用户可以在无须管理任何基础设施的情况下使用和管理大规模的容器集群。AWS Fargate 服务是 Serverless 理念在容器领域中的一个实践，它的推出展示了 AWS 在 Serverless 领域仍然在不断地探索和创新。

第 5 章 *Chapter 5*

Azure Functions

在 IT 界，微软这个词相信不会有人感到陌生。作为全球用户数量最大的操作系统 Windows 的创造者，微软一直是 IT 行业里备受瞩目的公司。Windows 成就了微软最初的成功，使微软成为 IT 界的一方霸主。而 Azure 公有云则是推动微软在云时代发展的一个全新的引擎。

通过本章的内容，你将了解：

❑ Microsoft Azure 公有云的概况。

❑ Azure Functions 的特性和基本知识。

❑ 如何通过 Azure Functions 构建一个 Serverless 应用。

5.1 Microsoft Azure

Microsoft Azure 是微软公司推出的云计算服务。自 2008 年发布以来，Azure 凭借着微软多年以来积累的技术、人才和资金迅速发展。目前，Azure 已经成为市场份额位居前列的公有云服务。微软对于 Azure 的研发和推广的力度非常大，经过这几年的高速发展，目前 Azure 上已经拥有超过 100 种各类云服务，囊括的领域有云主机、存储、数据库、消息、PaaS、移动应用后台服务、大数据、人工智能以及 Serverless 等，如图 5-1 所示。

除了提供各类丰富的云服务之外，Azure 还在世界各地投入了巨资建立数据中心。截至目前，Azure 在全球一共有 54 个区域数据中心，数量位列所有公有云服务供应商之首，比 AUS 与 GCP 数据中心数的总和还多如图 5-2 所示。

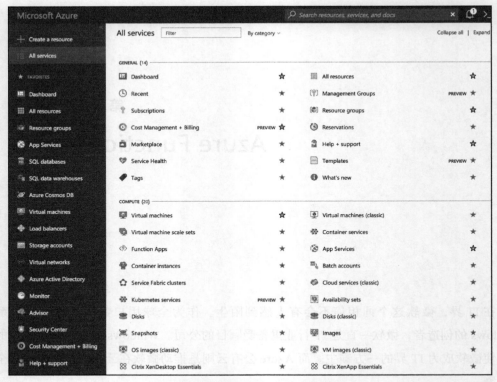

图 5-1　Microsoft Azure 公有云服务

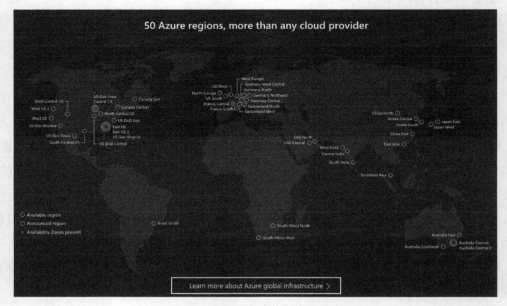

图 5-2　Azure 全球数据中心分布

5.2 Azure Functions 概述

随着 Serverless 的日益流行，Azure 在 2016 年推出了其 Serverless 计算平台 Azure Functions。Azure Functions 是一个函数式的计算平台，它具备一个完备的 Serverless FaaS 平台所应该具备的主要特性。Azure Functions 很好地增强了 Azure 在 Serverless 领域的能力。通过 Azure Functions，用户可以在 Azure 上编写和发布函数应用。Azure Functions 平台服务负责在需要的时候加载和运行这些函数应用。Azure Functions 根据函数应用的工作负载动态地对函数的实例进行扩展和收缩。

Azure Functions 的主要特点有：

❑ 多语言支持。支持 C#、F# 及 JavaScript 等开发语言。

❑ 按用量付费。只有函数被加载执行时所消耗的计算资源才被纳入计费范围。

❑ 易于与 Azure 公有云上众多的云服务集成。

❑ 提供了与各种代码管理工具和开发工具的集成，如 GitHub、Visual Studio 等。

❑ 除了公有云服务之外，还提供了可在私有云部署的版本。

❑ Azure 的函数运行环境是开源的，用户可以在 GitHub 上查看其实现。

Azure Functions 函数执行环境 GitHub 仓库：https://github.com/Azure/azure-functions-host。

推出 Azure Functions 前，Azure 公有云上已经存在 PaaS 服务 Azure App Service。Azure App Service 提供了一套在云上进行应用开发、测试、部署和管理的解决方案。Azure App Service 中有一个名为 WebJobs 的服务。WebJobs 服务的主要用途是运行各类后台任务。App Service 和 WebJobs 是 Azure Functions 实现的基础。可以说 Azure Functions 是 Azure WebJobs 的一个进化版本，如图 5-3 所示。

基于 WebJobs，Azure 扩展了支持各类编程语言的执行环境。目前 Azure Functions 有两个版本，版本 1.x 及版本 2.x。表 5-1 列出了两个版本所支持的编程语言。目前版本 1.x 支持的编程语言数量较多。随着版本 2.x 的日益成熟，版本 2.x 支持的编程语言会慢慢丰富起来。

对于 Azure Functions，有一个容易被人忽视的地方是，Azure Functions 的核心运行时和工具都是开源项目。微软在过去很长一段时间内被视为闭源软件厂商的领导者。但是事实上，微软已经意识到开源软件的价值。最近几年，微软和 Azure 投入了大量的精力参与开源社区的建设和发展。2017 年，GitHub 上最多人参与的开源项目是来自微软的 VS

Code。2018 年，微软收购了全球最大的开源软件代码托管服务 GitHub。这些都反映了微软在开源社区影响力的提升。

图 5-3　Azure Functions 技术架构

表 5-1　Azure Function 支持的编程语言

语言名称	1.x	2.x	语言名称	1.x	2.x
C#	支持	预览	PHP	测试	—
JavaScript	支持	预览	TypeScript	测试	—
F#	支持	预览	Batch (.cmd, .bat)	测试	—
Java	—	预览	Bash	测试	—
Python	测试		PowerShell	测试	—

5.3　创建 Azure Serverless 应用

Azure Function 提供了一系列的功能帮助用户快速开发 Serverless 应用。下面我们将通过一个简单的例子了解 Azure Functions 的相关概念和功能。

5.3.1　注册 Azure 账号

在使用 Azure Function 之前，读者需要一个 Azure 公有云的账号。读者可以访问 Azure 网站（图 5-4）注册免费的 Azure 账号。目前 Azure 针对新注册用户提供了一系列的优惠，如赠送一定金额的代金券。部分服务在新注册后的 12 个月内免费试用。还有一部分服务则可以不限时地免费使用。Azure 为 Azure Functions 用户提供了每月 100 万次的免费调用。通过这些免费服务资源，Azure 用户可以完成许多测试与实验。关于 Azure 公有云免费服务的详情，请参考注册页面中的介绍。

Azure 公有云注册地址：https://azure.microsoft.com/zh-cn/free/。

图 5-4 Azure 公有云账号注册

单击注册页面的"免费开始"按钮注册 Azure 账号，根据页面的提示完成注册。在注册过程中需要提供有效的信用卡和手机号码。通过 Azure 提供的免费资源即可完成本书所介绍的示例。

5.3.2 Azure 控制台

Azure 账号注册完毕后，通过刚注册的 Azure 账号登录 Azure（https://azure.microsoft.com/zh-cn/），将会跳转到 Azure 的控制台，如图 5-5 所示。在 Azure 控制台左侧的菜单中，用户可以看到各种 Azure 服务的图标和分类菜单。控制台的右侧则是显示各类信息的小组件。

图 5-5　Azure 公有云控制台

5.3.3　函数应用

在 Azure Function 中，函数并不是零散地存在的。一个或多个函数被包含在一种叫作函数应用（Function App）的逻辑单元中。因此，在创建函数前，必须要先创建该函数所归属的函数应用。

单击 Azure 控制台左上角的菜单项"创建资源"，在资源类型的搜索框中输入 Function App 进行搜索。选择搜索结果中的资源类型"函数应用"或者"Function App"。然后，单击页面下方的"创建"按钮，创建新的函数应用，如图 5-6 所示。

单击"创建"按钮后，Azure 将显示创建函数应用的界面。在这里用户可以输入该函数应用的名称，选择该函数应用将归属于哪个公有云的订阅。一个 Azure 的用户可能同时有多个不同的 Azure 订阅，每个订阅有不同的计费信息。用

图 5-6　创建函数应用

户可以在创建函数应用时指定该应用所归属的订阅，从而定义了应用的费用归属。

"资源组（Resource Group）"是 Azure 中的一种资源组织单元，类似于文件系统中的文件夹。在创建函数应用时，后台会产生一些相关对象，用户可以将这些相关对象都存放到一个资源组中统一管理。

Azure Functions 的运行环境默认为 Windows 云主机。用户也可以选择 Linux 主机或容器的执行环境。Linux 主机的执行环境目前还属于预览阶段。如果选择容器执行环境，则需要进一步指定所使用的容器镜像的地址。

"宿主计划（Host Plan）"是指收费方式。目前 Azure Functions 支持两种收费方式，Consumption Plan 和 App Service Plan。Consumption Plan 为典型的 Serverless FaaS 的收费方式，即按实际函数运行时所消耗的计算资源计费。App Service Plan 为按 Azure 的 PaaS 服务 App Service 的计费方式进行计费。

函数应用中函数的源代码将被存储在 Azure 平台上。因此在定义函数应用需要指定一个"存储账户（Storage Account）"。存储账户将关联用户实际使用的存储空间。

使用公有云的好处在于用户可以快速地接入遍布世界各地的计算资源。在定义函数应用时，用户可以指定这个应用所在的数据中心（Region）。

请根据表 5-2 的内容为各个参数项输入对应的内容。

表 5-2　创建函数应用的输入值

输　入　项	输　入　值	输　入　项	输　入　值
应用名称	my-func-app-01	位置	美国中部
订阅	选择你所使用的 Azure 订阅	存储	选择"新建"，将自动生成名称
资源组	my-func-app-01	Application Insights 位置	East US
宿主计划	消耗计划（Consumption Plan）		

填写完毕后，点击"创建"按钮创建函数应用 my-func-app-01。之后，Azure 控制台将提示正在创建函数应用。稍等片刻，当函数应用创建完毕后，Azure 将提示函数部署成功，如图 5-7 所示。单击"转到资源"按钮可以转跳到该函数应用的主页。

如图 5-8 所示，在函数应用 my-func-app-01 的主页中，用户可以查看状态和配置信息。用户可以在该页面启动和停止函数应用，也可以修改该函数应用的配置。在页面的左侧，可以

图 5-7　Azure 控制台通知消息

看到一个菜单栏，其中的菜单项"函数"目前是空的，因为我们还没有为该函数应用定义任何函数逻辑。

图 5-8　函数概览页面

5.3.4　创建函数

单击左侧菜单栏的菜单项"函数"旁边的"+"按钮，创建一个新的函数逻辑。在打开的页面中单击页面上方的"新函数"按钮。此时 Azure 将会列出一系列的函数模板，用户可以选择需要的模板快速创建特定的函数，Azure 默认提供了十多种不同类型的模板。这里，我们将使用简易模式，单击"转跳到快速入门"按钮。如图 5-9 所示，在快速入门界面中选择函数的类型为 Web Hook + API，编程语言选择 JavaScript。选择完函数的类型后，单击"创建此函数"按钮。

稍等片刻，Azure 将会显示一个基于网页的函数开发界面，如图 5-10 所示。在这个界面中，用户可以编辑和调试函数的源代码。

下面我们将创建一个 JavaScript 函数，函数的代码如下。这个函数的逻辑很简单，其读取 HTTP 请求 Body 中属性 name 的值，然后返回问候的语句。代码修改完毕后单击"保存"按钮保存更改。

```
module.exports = function (context, req) {
    context.log('函数执行开始');
    if (req.body && req.body.name) {
```

```
        context.res = {
            body: "Hello " + req.body.name
        };
    }

    context.log('函数执行结束');
    context.done();
};
```

图 5-9　创建 Azure Function App 函数

图 5-10　Azure Web 函数开发界面

5.3.5 调用函数

函数创建完毕后，可以单击函数编辑界面上的"测试"按钮测试调用该函数。如图 5-11 所示，Azure 调出了调试界面。在该界面中，用户可以编辑测试的输入数据，测试的结果将显示在日志和结果输出界面上。

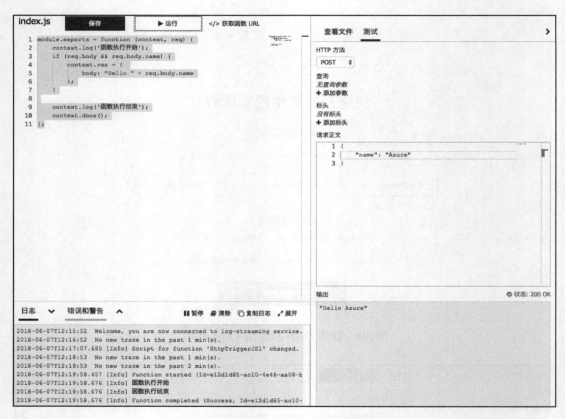

图 5-11　Azure Functions 函数测试

当前函数的类型为 HTTP Trigger 函数，除了在 Web 开发环境中测试之外，用户也可以获取该函数的调用 URL，通过调用 URL 直接触发执行函数。单击 Web 开发界面上的"获取函数 URL"按钮，复制函数的调用 URL。函数的调用 URL 中包含该函数的调用路径以及调用的访问秘钥（Acccess Key）。默认情况下，调用 Azure Functions 的函数都需要提供 Access Key。打开一个命令行窗口，通过命令 curl 对函数进行调用。通过下面的示例输出可以看到根据我们的输入，函数返回了字符串"Hello Nico"。

```
$ curl -H "Content-Type: application/json" \
    -X POST -d '{"name":"Nico"}' \
    https://c-app-01.azurewebsites.net/api/HttpTriggerJS1?code=<code>
"Hello Nico"
```

5.3.6　日志与监控

每一次 Azure Functions 函数被调用，Azure 都会记录调用信息和日志。用户可以回溯每一次调用的情况、耗时以及详细的日志输出，如图 5-12 所示。

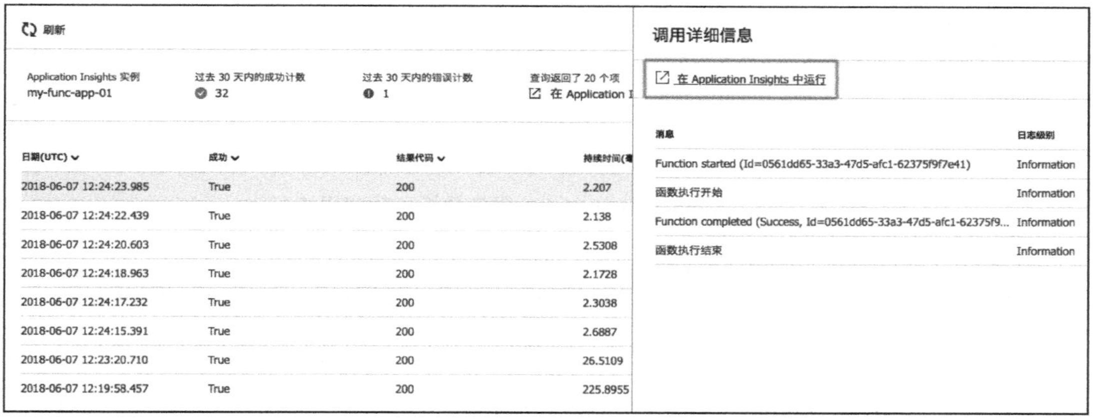

图 5-12　Azure Functions 函数调用日志

Azure Functions 函数调用的信息默认都保存在 Azure Application Insights 服务中。Azure Application Insights 是 Azure 上的应用性能分析服务，其收集了各类应用程序的性能指标，并提供了一种类似于 SQL 的数据查询语法，让用户可以快速筛选出所需要的数据。此外，Application Insights 提供了直观的图表工具，用户可以根据筛选出的数据制作实时的各类图表，如图 5-13 所示，可通过 Application Insights 分析每次函数调用所占用的时长占比。

单击 Azure 左侧栏菜单的"所有服务"并搜索服务 Application Insights，用户可以进入 Application Insights 控制台。在控制台中，可以查询到关于函数应用的更详细的性能指标信息，如图 5-14 所示。Application Insights 提供了一系列的工具，帮助用户在必要时对函数应用调用的性能进行深入分析。通过图 5-14 可以看到 Azure 提供的性能指标比较丰富，用户可以查询函数被调用的情况，如失败次数、响应时间、请求次数等。

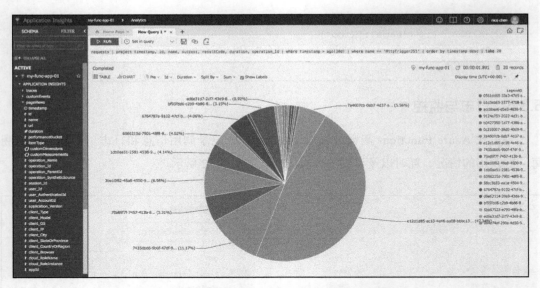

图 5-13　Application Insights 服务分析函数调用情况

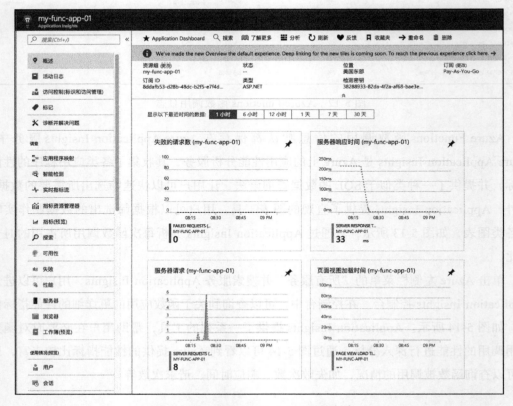

图 5-14　Application Insights 控制台

5.4　Azure Functions 命令行

前文介绍了如何使用 Azure 提供的 Web 控制台创建函数应用。除了基于 Web 的 Azure Functions 控制台外，Azure Functions 还提供了命令行工具 Azure Functions Core Tools 进行函数应用部署和管理。用户可以通过命令行工具创建、测试和部署 Azure Functions 应用，以完成一个函数应用开发流程中所涉及的各个方面的任务。

5.4.1　安装命令行

微软在 GitHub 上开源了 Azure Functions Core Tools。用户可以自由地下载及使用 Azure Functions Core Tools。Azure Functions Core Tools 有 V1 和 V2 两个版本。V1 版本只能运行在 Windows 平台上，V2 版本则是跨平台的，支持 Windows、Linux 及 macOS。推荐使用 V2 版本。

Azure Functions Core Tools GitHub 仓库：https://github.com/Azure/azure-functions-core-tools。

在 Windows 中安装 V2 版本的 Azure Functions Core Tools 比较简单。通过 Node.js 包管理工具 NPM 就可以快速地安装。

```
C:\> npm i -g azure-functions-core-tools@core --unsafe-perm true
```

macOS 用户则可以通过包管理工具 Homebrew 进行自动安装和配置。下面是在 macOS 上进行安装的示例。安装需要 macOS 包管理系统 Homebrew（https://brew.sh/）的支持。Homebrew 的安装方法请参考其官方文档。

```
$ brew tap azure/functions
$ brew install azure-functions-core-tools
```

Azure Functions Core Tools 也支持安装在不同的 Linux 发行版上。下面是在 Fedora、CentOS 以及 Red Hat Enterprise Linux 上的安装步骤。其他 Linux 发行版的安装请参考其 GitHub 仓库中的说明。

```
$ sudo sh -c 'echo -e "[packages-microsoft-com-prod]\nname=packages-microsoft-
    com-prod \nbaseurl=https://packages.microsoft.com/yumrepos/microsoft-
    rhel7.3-prod\nenabled=1\ngpgcheck=1\ngpgkey=https://packages.microsoft.com/
    keys/microsoft.asc" > /etc/yum.repos.d/dotnetdev.repo'
$ sudo yum install azure-functions-core-tools
```

安装配置完毕后，通过命令 func 即可调用 Azure Function Core Tools，如图 5-15 所示。

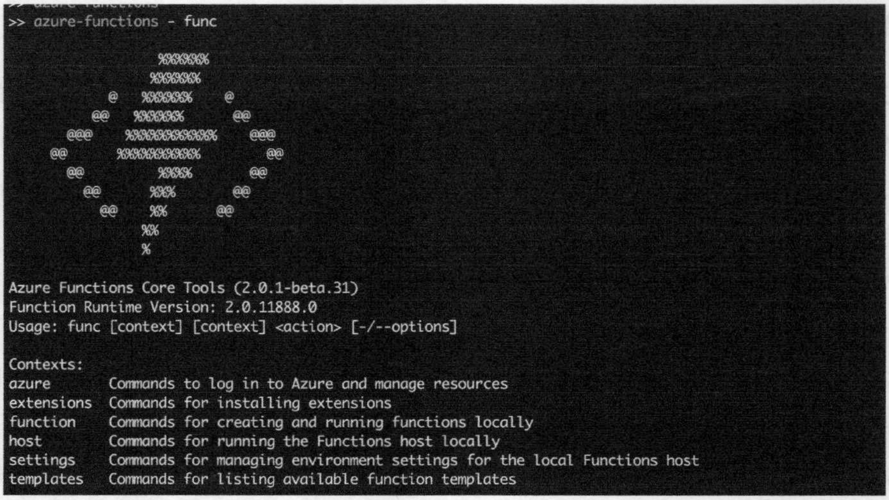

图 5-15　Azure Functions Core Tools 命令行工具

5.4.2　创建本地函数

用户可以通过命令 func azure login 登录到 Azure 公有云。命令执行后将会提示用户通过浏览器打开 Azure 的登录验证页面，并输入命令所提示的登录代码。

```
$ func azure login
```

成功登录 Azure 以后，用户可以通过命令行查看当前 Azure 账号下所拥有的函数应用以及函数应用中的具体函数定义。

```
$ func azure functionapp list
Function Apps:
    -> Name:   my-func-app-01 (centralus)
Git Url: https://@my-func-app-01.scm.azurewebsites.net/

$ func azure functionapp list-functions my-func-app-01
Functions in my-func-app-01:
    HttpTriggerJS1 - [httpTrigger]
```

前面我们通过 Azure Functions 的 Web 控制台创建了一个函数应用。在命令行中创建一个 Azure Functions 函数应用并不比通过图形控制台复杂。通过命令 func init 用户可以创建一个本地 Azure Functions 函数应用。参数 --worker-runtime 指定了该函数应用的函数执行运行时为 Node.js。命令 func 默认为该项目创建了一个本地 Git 仓库，用来记录代码和配置的变更。

```
$ func init azure-func-cli-demo --worker-runtime node
```

```
Writing .gitignore
Writing host.json
Writing local.settings.json
Writing /Users/demo/workspace/azure-func-cli-demo/.vscode/extensions.json
Initialized empty Git repository in /Users/demo/workspace/ /azure-func-cli-demo/.git/
```

函数应用创建完毕后，就可以为这个应用定义具体的函数实例了。通过命令 func new 创建新的函数。参数 --name 指定了函数名称。与 Web 控制台中创建函数类似，通过参数 --template 可以指定创建函数所使用的模板名称。下面的例子中使用的模板是 HTTP trigger。

```
$ func new --name "greetingFromCLI" --template "HTTP trigger"
Select a template: HTTP trigger
Function name: [HttpTriggerJS] Writing /Users/nicholasc/workspace/azure-func-cli-
    demo/greetingFromCLI/index.js
Writing /Users/nicholasc/workspace/azure-func-cli-demo/greetingFromCLI/sample.dat
Writing /Users/nicholasc/workspace/azure-func-cli-demo/greetingFromCLI/function.json
```

执行函数创建的命令后，命令将在执行目录下创建函数描述文件及代码文件。用户可以在这些文件的基础上开发所需要的函数逻辑。读者可以编辑代码文件 index.js，将文件中的代码修改为如下内容。下面的代码在被调用后将返回一个 JSON 字符串。

```
module.exports = function (context, req) {
    context.res = {
        body: "Hello from Azure Functions Core Tools!"
    };
    context.done();
};
```

5.4.3　测试本地函数

代码修改完毕后，用户可以通过 Azure Functions Core Tools 启动一个本地测试环境对函数应用进行测试。在函数应用的目录下执行命令 func host start 启动函数应用。用户可以在控制台中看到函数启动过程中输出的详细日志，默认情况下，Azure Functions Core Tools 将会在本机的 7071 端口启动一个 API 网关。函数应用启动完毕后，命令行将输出函数的调用地址。

```
$ func host start
......内容省略......
Listening on http://0.0.0.0:7071/
Hit CTRL-C to exit...

Http Functions:
    greetingFromCLI: http://localhost:7071/api/greetingFromCLI
```

通过函数的调用地址，用户就可以在本地进行函数的调用测试了。如下面的例子所示，通过命令 curl 调用函数的调用地址，函数成功执行并返回了预期的结果。

```
$ curl  http://localhost:7071/api/greetingFromCLI
Hello from Azure Functions Core Tools!
```

5.4.4 发布至公有云

当在本地对函数应用的各项测试都完成后，用户可以通过命令行将函数应用发布到 Azure Functions 公有云上。用户可以将本地的函数定义发布到新建的 Azure Functions 函数应用中，也可以将函数发布到已有的函数应用中。下面的例子将前面创建的函数发布到了我们通过 Azure Functions 控制台所创建的函数应用 my-func-app-01 中。

```
$ func azure functionapp publish my-func-app-01
```

发布完毕后，再次查看函数应用中的函数定义列表，可以看到新增加的函数 greeting-FromCLI。

```
$ func azure functionapp list-functions my-func-app-01
Functions in my-func-app-01:
    greetingFromCLI - [httpTrigger]
    HttpTriggerJS1 - [httpTrigger]
```

登录到 Azure Functions 控制台，也可以查看新增的函数 greetingFromCLI，并对函数进行调用测试，如图 5-16 所示。

图 5-16 在 Azure Functions 控制台测试新增函数

通过前面的介绍可以看到，Azure Functions Core Tools 让用户可以在本地进行函数的开发和调试，并最终将函数发布到 Azure 公有云上。作为命令行工具，Azure Functions Core Tools 可以很容易地和目前大家所使用的 IDE、CICD 及自动化工具进行集成，这使 Azure Functions 函数应用的开发、持续集成与持续部署的实现变得简单。

5.5　深入了解 Azure Functions

前文通过一个简单的例子介绍了 Azure Functions 的基本功能。Azure Functions 不仅仅为用户提供了一个 Serverless 计算运行时平台，为了让函数应用的开发和管理变得更高效，Azure Functions 还提供了一系列的功能特性。

5.5.1　函数应用设置

函数应用（Function App）是 Azure Functions 逻辑架构体系中的重要概念。一个函数应用包含了若干个函数定义。如图 5-17 所示，用户可以在函数应用级别为其包含的多个函数定义配置统一的参数、安全、监控、开发管理等设置。函数应用的出现使得用户可以更有效地管理相关联的一系列函数定义，是一种有效的函数组织方式。

图 5-17　Azure Functions 函数应用的平台功能

将函数以函数应用的方式组织起来的好处就是方便进行统一的配置管理。应用程序设置（Application Settings）是用户在函数应用级别定义的配置键值对。类似于操作系统的环境变量，在一个函数应用下的函数可以在运行时访问其归属的函数应用中所定义的应用程序设置，这是 Azure Functions 函数应用设计中一个重要的配置手段。

在函数应用 my-func-app-01 的"概述"页面中单击"应用程序设置"页签，在"应用程序设置"页面下可以看到当前定义的应用配置。配置以键值对的形式存在，如图 5-18 所示。单击表格底部的链接"添加新设置"，添加一个新的配置 GREETING_MESSAGE，并设置其值为 hola。单击页面上方的"保存"按钮保存修改。

应用程序设置

APP SETTING NAME	VALUE	SLOT SETTING	DELETE
APPINSIGHTS_INSTRUMENTATIONKEY	38288933-82da-4f2a-af68-bae3e269f8fc	☐	✖
AzureWebJobsDashboard	DefaultEndpointsProtocol=https;AccountName=myfuncapp01a8b3;AccountKey=S85caOiIJifu...	☐	✖
AzureWebJobsStorage	DefaultEndpointsProtocol=https;AccountName=myfuncapp01a8b3;AccountKey=S85caOiIJifu...	☐	✖
FUNCTIONS_EXTENSION_VERSION	~1	☐	✖
myfuncapp01a8b3_STORAGE	DefaultEndpointsProtocol=https;AccountName=myfuncapp01a8b3;AccountKey=S85caOiIJifu...	☐	✖
WEBSITE_CONTENTAZUREFILECONNECTIO...	DefaultEndpointsProtocol=https;AccountName=myfuncapp01a8b3;AccountKey=S85caOiIJifu...	☐	✖
WEBSITE_CONTENTSHARE	my-func-app-01a8b3	☐	✖
WEBSITE_NODE_DEFAULT_VERSION	6.5.0	☐	✖
GREETING_MESSAGE	Hola	☐	✖

+ 添加新设置

图 5-18　函数应用的应用程序设置

应用设置定义完毕后，在函数应用 my-func-app-01 的函数中可以通过访问环境变量的方式访问刚才定义的应用程序设置。修改函数 greetingFromCLI 的代码以引用新添加的应用设置，代码修改为如下内容，可以看到 Node.js 代码通过环境变量获取了设置的值。

```
module.exports = function (context, req) {

    var msg = process.env["GREETING_MESSAGE"];

    context.res = {
        body: msg + " from Azure Functions Core Tools!"
    };
    context.done();
};
```

保存修改并调用函数，最终可以看到执行的结果中包含应用设置 GREETING_MESSAGE 所定义的值 hola。

```
"Hola from Azure Functions Core Tools!"
```

5.5.2　Trigger 与 Bindings

和许多其他的事件驱动平台类似，Azure Functions 支持多种不同类型的触发器（Trigger）。通过触发器，用户可以在特定条件下触发 Azure Functions 函数的执行。前文中例子的函数都是基于 HTTP 触发器实现的，因此通过命令 curl 向函数发送 HTTP 请求后就可以触发函数的执行并返回执行结果。

表 5-3 是 Azure Functions 所支持的一些主要的触发器类型。每个 Azure Functions 有且只有一个触发器。

表 5-3　Azure Functions 触发器

触发器类型	描　　述
HTTP 触发器	接收各类 HTTP 请求的触发器。GitHub 及通用型 Web Hook 本质上都属于 HTTP 请求触发器
定时触发器	根据定时规则执行的触发器
Azure Blob Storage 触发器	Azure 云存储服务
Azure Cosmos DB 触发器	Azure 分布式数据库服务
Queue Storage 服务触发器	Azure 云存储消息队列服务
Service Bus 触发器	Azure Service Bus 是 Azure 的消息队列云服务，支持队列（Queue）及话题订阅（Topic Pub/Sub）两种模式
Event Hubs 触发器	Azure Event Hubs 触发器。Event Hubs 是 Azure 平台的高性能事件流服务
Event Grid 触发器	Azure 集中事件管理服务

除触发器之外，Azure Functions 还支持一种叫作 Binding 的概念。用户可以通过 Binding 定义函数的输入和输出，如图 5-19 所示。通过 Binding，用户可以为一个函数定义一个或多个输入或输出，然后在函数逻辑中通过变量名进行引用。Binding 使得用户可以让函数的代码逻辑和输入输出的具体服务分离。

以前面创建的函数为例，点击函数应用 my-func-app-01 的函数 HttpTriggerJS1。点击其子菜单项目"集成"，就可以看到该函数的触发器和 Binding 的定义情况。如图 5-19 所示，函数 HttpTriggerJS1 定义了一个 HTTP 触发器以及一个输出的 Binding，输出 Binding 的类型为 HTTP，引用名为 res。因此，在函数 HttpTriggerJS1 的代码中，通过变量 context.res 用户就可以引用输出 Binding，将执行结果输出到指定的输出位置。

单击"集成"子菜单项页面右上角的链接"高级编辑器"，则可以看到关于该函数的触发器及 Binding 的 JSON 定义，如下面的代码所示。默认情况下，函数的触发器及 Binding 的定义都记录在一个名为 function.json 的 JSON 文件中。通过下面的 JSON 定义可以看到，在定义 HTTP 触发器的同时也定义了一个输入 Binding，引用的变量名为 req，因此在代码中，可以通过 req 引用到 HTTP 请求的 Body。

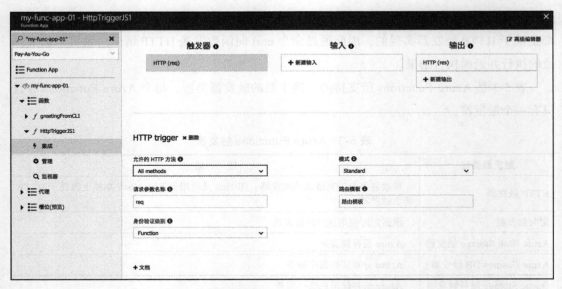

图 5-19 函数的 Trigger 与 Binding 配置

```json
{
    "bindings": [
        {
            "authLevel": "function",
            "type": "httpTrigger",
            "direction": "in",
            "name": "req"
        },
        {
            "type": "http",
            "direction": "out",
            "name": "res"
        }
    ],
    "disabled": false
}
```

Azure Functions 默认支持多种不同服务作为输入和输出的 Binding，涵盖了许多常用的 Azure 服务，如 Azure Blob Storage、Cosmos DB、Event Hub、Event Grid 以及 Queue Storage 等，如图 5-20 和图 5-21 所示。

更详细的支持情况可参考 Azure Functions 的官方文档。

Binding 支持情况列表：https://docs.microsoft.com/en-us/azure/azure-functions/functions-triggers-bindings#supported-bindings。

图 5-20　Azure Function 输入 Binding 选项

图 5-21　Azure Function 输出 Binding 选项

通过 Trigger 和 Binding，用户可以很容易地将若干个服务串联起来。比如，当某个 Service Bus 的消息队列收到消息时，Azure Functions 函数通过 Service Bus Trigger 被触发，根据消息内容提供的文件名，Azure Functions 从 Blob Storage 输入 Binding 中直接获取相关 Blob Storage 的文件地址，对文件进行处理，并在处理完毕后通过邮件服务 SendGrid 输出 Binding 并将处理结果通过邮件发送给用户。

5.5.3　函数代理

函数代理（Proxy）是 Azure Functions 的一个辅助功能，其负责根据规则，将接收到的请求进行修饰并转发到指定的后端，或者直接将指定的静态内容返回。根据函数代理的技术特性，其主要用途有以下几个场景：

❑ 让函数切换变得更加简单和便捷。用户可以通过函数代理定义一个用户入口，并将后端服务指向某一个版本的函数定义。当函数版本发生变化时，通过修改指向，用户可以实现后端函数服务的蓝绿发布。

❑ 测试模拟。函数代理支持用户定义静态内容作为调用的返回值。这可以让用户快速地实现供测试使用的函数原型。

图 5-22 所展示的是一个函数代理的定义。从定义可以看到，当用户访问该函数代理的 URL 时，该代理将会把所有的 POST 请求都转发到函数 HttpTriggerJS1 的调用地址进行处理，并在转发前为每个请求修改 Header 属性，添加 Content Type 属性，将请求内容标识为 JSON 格式。

图 5-22　函数代理定义

函数代理实现了部分 API 网关的简单功能，但是其并非 API 网关服务的替代品。针对更复杂的需求，如灰度发布，流量控制及按权重分发等场景则还是需要通过 Azure 上的 API 网关服务实现。

5.5.4　Slot

函数代理可以实现函数级别的快速切换。但是如果希望将一个包含众多函数定义和配置的函数应用进行蓝绿发布快速切换，应该怎么做呢？Azure Functions 推出了一个名为

Slot（槽位）的功能。用户可以定义一个函数应用，如 productionFuncApp，并在 Slot 中定义一个与之对应的函数应用，比如 betaFuncApp，通过 Slot 的交换（swap）功能，将 Slot 中的函数应用 betaFuncApp 与 productionFuncApp 进行整体切换。通过交换，源函数应用的所有函数定义及配置将替换目标函数应用的配置与函数定义。

截至本书完稿之时，Slot 还处于测试阶段，需要在函数应用设置中单独启用。图 5-23 所展示的是为函数应用 my-func-app-01 定义的一个名为 beta 的 Slot。创建后，Slot beta 复制了原函数应用的所有函数定义和函数代理定义。用户可以在 Slot beta 上继续对函数定义进行开发和修改。Slot beta 的所有函数和函数代理都各自拥有和原函数应用中对应对象所不同的调用 URL。这使得它们可以被独立地测试，而不影响原有的函数应用。当用户完成 Slot 中的开发和测试后，通过交换功能就可以将 Slot 中的函数和配置整体替换运行中的函数应用实例。

图 5-23　Azure Functions Slot

5.6　私有云部署

除了提供在线的公有云服务外，Azure Functions 还提供了一个可以在私有数据中心中部署的产品 Azure Functions Runtime。通过 Azure Functions Runtime，用户可以在私有数据中心部署和运行 Azure Functions 服务。Azure Functions Runtime 提供了和 Azure Functions 一致的用户体验，如图 5-24 所示。

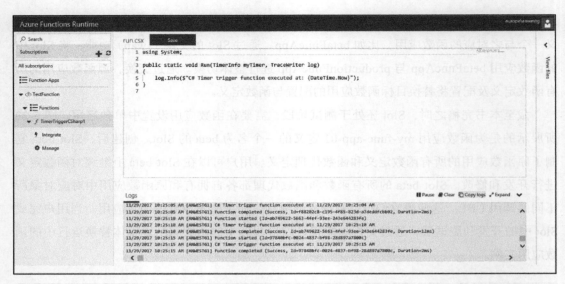

图 5-24　Azure Functions Runtime 用户界面

　　Azure 与 AWS 的一个很大的区别在于，Azure 除了发展公有云市场外，也花费了很大力气开拓私有云市场，并推出了私有云的产品，如 Azure Stack。因此 Azure Functions Runtime 产品的推出并不让人感到意外。前面的章节介绍过私有云与公有云的对比，对于一些希望对安全、数据和服务有更高控制权的客户，私有云满足了这些需求。在可以预见的很长一段时间内，私有云与公有云将会并存。Azure Functions Runtime 让 Azure Functions 的用户多了一个选择，使得 Azure Functions 用户可以更容易地将他们的函数应用在公有云和私有云之间进行迁移和切换。

　　从技术架构角度来看，Azure Functions Runtime 是一个集群方案，在其集群中存在两种角色，Management Role 以及 Work Role。顾名思义，Management Role 的主要作用为提供用户控制台服务，负责集群状态的维护和管理，负责对 Work Role 进行作业调度。Work Role 则负责运行具体的函数实例，执行具体的代码逻辑。

　　目前 Azure Functions Runtime 还处于预览阶段，用户可以在 Azure 网站上下载 Azure Functions 的安装介质。Azure Functions Runtime 可以运行在 Windows Server 2016 或者安装了 Creator 更新包的 Windows 10 上。

　　Azure Functions Runtime 安装指导：https://docs.microsoft.com/en-us/azure/azure-functions/functions-runtime-install。

5.7　本章小结

本章对 Azure Functions 的一些重点功能进行了介绍。可以看到 Azure Functions 是一个功能完备的 Serverless 平台。Azure Functions 支持众多开发语言，并在此基础上通过 Trigger 和 Binding 使函数可以方便地与不同的云服务进行集成，提高了开发效率。除了核心的 FaaS 能力外，Azure Functions 还通过提供函数代理和 Slot 等功能让函数应用的测试和发布变得更加方便。这说明 Azure Functions 团队清晰地认识到，函数应用全生命周期管理的重要性。一个 Serverless 平台必须要能有力地支持应用的开发、测试、发布及运维整个流程的各个环节。

作为一家有深厚开发工具背景的企业，Azure Functions 的 Web 控制台提供了良好的开发体验，用户可以直观地在控制台上开发和测试函数应用。通过命令行工具 Azure Functions Core Tools，用户可以在本地进行函数应用的开发和测试。此外，Azure Functions 得到了微软广受欢迎的开发工具 Visual Studio 和 VS Code 的支持，开发人员可以在他们习惯的开发工具中开发和调试本地或者远程 Azure Functions 应用，这进一步增强了 Azure Functions 的整体用户体验。

Azure Functions 是少数既提供公有云，也提供私有云部署选项的 Serverless 解决方案。Azure 公有云以及微软的私有云方案 Azure Stack 都提供了 Azure Functions 这一 ServerlessFaaS 服务。这意味着用户可以在公有云和私有云中使用 Azure Functions 构建 Serverless 应用。通过 Azure 和 Azure Stack 实现混合云架构，这将使得用户在公有云和私有云并存的混合云场景下有一致的用户体验。应当指出的是，Azure Functions 只是 Serverless 在 Azure 的其中一种实现形式。在 Azure 上还存在着众多的 Serverless 服务，如 Serverless 容器服务 Azure Container Instance 以及 Logic Apps 等。

Chapter 6   第 6 章

容器技术基础

本书的重点是介绍 Serverless 架构相关的知识和实现方案。也许有读者会疑惑，为何要专门介绍容器技术。经过几年的发展，容器已经成为云计算中不可或缺的一个重要基础技术。通过容器技术，用户可以快速地在私有数据中心构建和管理一个庞大的计算集群。以容器作为应用的分发格式，用户可以快速地将应用部署到庞大的计算集群中。当前主流的且可以在私有云部署的开源 Serverless 平台都以容器技术作为实现的基础。因此理解容器相关的知识和技能是深入了解私有云 Serverless 实现的重要基础。

本章的目的是让不熟悉容器技术的读者能快速地了解容器的基础知识，并掌握相关工具的基本用法。本书后面的章节将对私有云中 Serverless 平台的实现进行介绍，容器技术是其中必要的基础。

通过本章的内容，你将了解：

❑ 什么是容器，它包含哪些技术和工具。

❑ 什么是 Docker，掌握 Docker 容器引擎的基本使用技巧。

❑ 什么是 Kubernetes，掌握 Kubernetes 的基本使用技巧。

6.1　什么是容器

容器（Container）在计算机领域中并不是一个新鲜的想法。早在 20 世纪 80 年代，Unix 操作系统引入了一个叫作 chroot 的功能，让操作系统的用户可以在操作系统之上构建出一个相对隔离的环境。这个 chroot 功能已经具有当代我们所说的容器的一些特征。此后，在不同的操作系统上相继出现了不同的类容器实现，如 FreeBSD Jails、Linux LXC、Solaris 的 Zone、OpenVZ 等。

容器受到广泛关注和认可则是因为一个叫作 Docker 的开源项目。通过 Docker 这个工具，用户可以很快速地在一个 Linux 操作系统上构建出若干个相互独立的隔离环境。应用在这些独立的隔离环境中运行不会相互影响。此外，Docker 还定义了一种叫容器镜像（Image）的打包格式，这种打包格式可以将应用和应用的依赖组件一并打成一个压缩包。容器镜像可以方便地传输到不同的机器上。用户通过一条命令就可以快速地启动容器应用，而不需要在不同的环境和主机上重复和烦琐地进行部署配置。因为 Docker 带来的各种便利性，使得 Docker 从 2013 年推出后便风靡了整个开发社区，进而在整个 IT 界掀起了一股风潮。

 提示 由于商业策略的需要，Docker 项目的创造方和最大的贡献方 Docker 公司决定将原有的 Docker 开源项目更名为 Moby 项目，而 Moby 的商业版本则继续称为 Docker。感兴趣的读者可以参考 Docker 公司发布的公告：https://blog.docker.com/2017/04/introducing-the-moby-project/。

6.1.1 容器

要了解容器技术，首先可以从容器、容器镜像、镜像仓库和容器编排几个概念开始学习。容器（Container）是一个隔离的虚拟环境。这种环境的隔离和控制是基于操作系统内核的能力实现的。就目前流行的 Linux 容器而言，从技术上，容器其实就是操作系统的一个受控进程。Linux 上的 Docker 容器就是一个 Linux 进程。Docker 通过 Linux 内核中已有的能力，如 namespaces 和 cgroups，实现对容器进程的资源进行隔离和管控，最终达到实现虚拟隔离环境的效果。

和传统的虚拟化技术相比，容器技术更加地轻量化。如图 6-1 所示，Docker 通过内核能力实现了隔离空间，而无须像传统的虚拟化那样在宿主机操作系统上再安装虚拟化 Hypervisor 和操作系统。因此，容器可以更充分地利用计算资源，实现更高的计算密度。

 提示 namespaces 和 cgroups 都是 Linux 内核的特性。namespaces 使得 Linux 系统中的资源得以相互隔离。cgroups 则可以对进程的 CPU、内存、存储及 I/O 等资源的使用进行限制和管控。

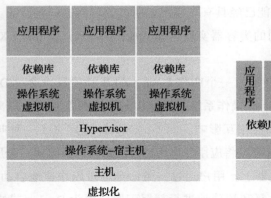

图 6-1　容器架构与虚拟机架构的比较

6.1.2　容器镜像

Docker 还有一个成功之处是其定义了一种应用交付的格式，容器镜像（Image）。容器镜像是 Docker 对应用进行打包的一个格式。容器镜像不仅包含应用，还可以包含应用的依赖组件和配置，如类库、中间件和操作系统配置等。通过一条简单的 Docker 命令，用户可以快速地通过容器镜像生成一个或多个容器应用的实例。基于容器的应用部署效率大大超越了基于物理机和虚拟机的应用部署效率。

除了能极大地加速应用部署外，容器镜像的另一个特点是容器镜像往往是由多个层（Layer）所组成的。用户可以基于已有的镜像构建新的容器镜像。这使得容器镜像有了极大的重用性。容器镜像的分层结构，使得多个不同的镜像可以共享相同的层，这使得镜像在网络传输过程中的效率得到了优化。这是传统的虚拟机镜像所不能媲美的。

6.1.3　镜像仓库

容器镜像为应用提供了一种更便利的分发和部署格式，为了让容器镜像可以在不同的环境和用户间流转，Docker 提出了容器镜像仓库（Registry）的概念。容器镜像的拥有者可以将容器镜像发布到镜像仓库中，容器镜像的使用方则可以通过镜像仓库下载所需的镜像。镜像仓库的出现使得容器镜像的共享和传输变得十分便利。

镜像仓库分为共有仓库和私有仓库两种。共有仓库为互联网上的公共仓库，如 Docker 公司的 Docker Hub（https://hub.docker.com/）。社区的开发者和用户可以在 Docker Hub 上自由地发布和下载容器镜像，共有仓库成为容器镜像的一个公共市场。私有仓库则为企业在私有化环境中通过 Docker Distribution、Red Hat Quay 及 VMware Harbor 等软件搭建的镜像仓库，在企业范围内进行容器镜像的分享。

6.1.4　容器编排

从功能上来看，Docker 的主要关注点是在一个操作系统上，通过操作系统内核的能力实现若干个独立的隔离环境。Docker 是一个容器引擎。在当前的应用架构下，应用往往不只是部署在一台主机上。用户需要管理的也不只是一台主机，而是上百台或上千台的计算集群。用户需要一种有效的手段去管理成百上千台主机上的容器引擎。随着容器技术的发展，大家逐渐意识到这个问题，于是容器技术的热点从容器引擎转移到了容器编排（Orchestration）领域。Kubernetes 是 Google 推出的一个开源容器编排项目，也是目前市场上最受欢迎的容器编排平台。

6.1.5　容器与 Serverless

经过几年的发展，容器技术已经成为云计算中不可或缺的基础技术。通过容器技术，用户可以实现应用在不同云环境的快速部署和快速迁移。通过容器编排平台，用户可以快速地构建一个基于容器的计算集群。因为容器的各种特点，当前许多可以在私有化数据中心部署的 Serverless 方案都以容器技术作为实现的基础。

容器技术对 Serverless 计算平台的支持主要有以下三个方面：

❏ 容器环境和镜像为 FaaS 函数应用提供了一种可以适配各类编程语言的运行环境和部署格式。

❏ 容器引擎可以为 Serverless FaaS 函数实例的运行提供隔离和可控的环境。

❏ 容器编排平台可以为 Serverless 应用的弹性扩展提供所需的各类计算资源。

6.2　Docker

Docker 是一个开源的容器引擎，如图 6-2 所示。通过 Docker，用户可以构建、运行和管理 Docker 容器。本节将通过一些简单的实验向读者介绍 Docker 的基本使用技巧。

6.2.1　Vagrant

为了方便执行演示实验，推荐读者使用

图 6-2　容器引擎 Docker

Vagrant 对虚拟机环境进行管理。Vagrant（https://www.vagrantup.com/，如图 6-3 所示）是一款虚拟机管理工具，Vagrant 可以帮助用户快速启动和配置 VirtualBox、VMWare 等虚拟化工具的虚拟机实例。

图 6-3　虚拟机管理工具 Vagrant

请访问 Vagrant 的主页 https://www.vagrantup.com/downloads.html 下载当前与所使用的操作系统对应的 Vagrant 版本。当前 Vagrant 支持 Windows、Linux 及 macOS 操作系统。下载并执行安装文件，根据安装程序的提示完成安装。本书示例所使用的版本为 Vagrant 2.0.3。

安装完毕后，可以打开一个命令行终端，执行命令 vagrant version 检查 Vagrant 的版本。

```
# vagrant version
Installed Version: 2.0.3
Latest Version: 2.0.3
```

6.2.2　VirtualBox

Vagrant 支持管理多种虚拟化工具的虚拟机，包括开源的 VirtualBox、商业软件 VMware Workstation 和微软 Hyper-V。这里以开源的虚拟化工具 VirtualBox 为示例。

请访问 VirtualBox 的项目主页 https://www.virtualbox.org/（如图 6-4 所示）下载最新版本的 VirtualBox 安装包，这里以 VirtualBox 5.2 为例。读者可以根据所使用的操作系统选择下载对应的版本。下载完毕后，执行安装文件，根据安装程序的提示完成安装。

图 6-4　VirtualBox 项目主页

6.2.3　安装 Docker

Docker 支持多种不同的 Linux 发行版，本书将以 Ubuntu 16.4.04 LTS（Xienal Xerus）作为演示的环境。读者可以使用 Vagrant 启动一个 Ubuntu 16.4.04 LTS 的虚拟机进行实验。

Vagrant Cloud（https://vagrantcloud.com/）是 Vagrant 提供的一个虚拟机镜像分享服务，用户可以从这个虚拟机镜像仓库中下载其他用户预先配置完毕的各种虚拟机镜像。这些用户分享的虚拟机镜像称为 Vagrant Box。通过命令 vagrant init 和 vagrant up，Vagrant 将下载并启动相应的 Vagrant Box 镜像。

```
# vagrant init ubuntu/xenial64
# vagrant up
```

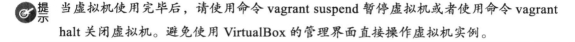

提
示　当虚拟机使用完毕后，请使用命令 vagrant suspend 暂停虚拟机或者使用命令 vagrant
　　halt 关闭虚拟机。避免使用 VirtualBox 的管理界面直接操作虚拟机实例。

虚拟机启动后，通过命令 vagrant ssh 可以登录到虚拟机实例中进行操作。

```
# vagrant ssh
```

执行以下命令配置软件仓库安装 Docker 容器引擎。Docker CE 是 Docker 公司推出的面向社区的 Docker 引擎软件包。

```
$ curl -fsSL https://download.docker.com/linux/ubuntu/gpg | sudo apt-key add -
$ sudo add-apt-repository "deb [arch=amd64] https://download.docker.com/linux/
    ubuntu $(lsb_release -cs) stable"
$ sudo apt-get update
$ apt-cache policy docker-ce
$ sudo apt-get install -y docker-ce
```

安装完毕后可以启动 Docker 服务，并让其开机自启动。

```
$ sudo systemctl start docker
$ sudo systemctl enable docker
```

在 Ubuntu 中默认需要执行命令 sudo 获取管理员权限。为了避免频繁使用命令 sudo 执行 Docker 命令，可将当前用户加入用户组 docker 中以获取权限。修改用户组后退出当前会话并重新登录让设置生效。

```
$ sudo usermod -aG docker ${USER}
$ exit
# vagrant ssh
```

当 Docker 安装完毕后，检查一下 Docker 的版本，命令及示例输出如下：

```
$ docker version
Client:
    Version:       18.03.0-ce
    API version:   1.37
    Go version:    go1.9.4
    Git commit:    0520e24
    Built: Wed Mar 21 23:10:01 2018
    OS/Arch:       linux/amd64
    Experimental:  false
    Orchestrator:  swarm

Server:
    Engine:
        Version:   18.03.0-ce
        API version:       1.37 (minimum version 1.12)
        Go version:        go1.9.4
        Git commit:        0520e24
        Built:     Wed Mar 21 23:08:31 2018
        OS/Arch:   linux/amd64
        Experimental:      false
```

6.2.4　运行容器

要运行一个容器，可以执行命令 docker run。下面的例子启动了一个 Apache HTTP 服务器应用。一个完整的 Docker 镜像名分为两部分：镜像名称及标签（Tag），如镜像 httpd:2.4，其中 httpd 为镜像名，2.4 为镜像的标签。参数 --name 是为了给这个容器实例设置一个别名

web。参数 -d 表示这个容器实例启动后将在后台保持运行。

```
$ docker run -d --name web httpd:2.4
Unable to find image 'httpd:2.4' locally
2.4: Pulling from library/httpd
f2b6b4884fc8: Pull complete
b58fe2a5c9f1: Pull complete
e797fea70c45: Pull complete
6c7b4723e810: Pull complete
02074013c987: Pull complete
4ad329af1f9e: Pull complete
0cc56b739fe0: Pull complete
Digest: sha256:b54c05d62f0af6759c0a9b53a9f124ea2ca7a631dd7b5730bca96a2245a34f9d
Status: Downloaded newer image for httpd:2.4
e057b50ed0d3fc81f68e5c3d269d3bfb5df12769cf084b081e7c5de5826f0663
```

容器启动后，通过命令 docker ps 可以查看系统正在运行的容器列表。我们可以看到刚才启动的 httpd 的容器正在后台运行着。

```
$ docker ps
CONTAINER ID          IMAGE                     COMMAND               CREATED
    STATUS            PORTS                     NAMES
e057b50ed0d3          httpd:2.4                 "httpd-foreground"    49 seconds ago
    Up 49 seconds     80/tcp                    web
```

通过命令 docker exec，用户可以在容器环境内执行命令，比如执行命令 bash 就可以获取一个容器环境内的交互式 Shell 命令行。通过命令行提示符的变化可以观察到环境的切换。

```
$ docker exec -it web bash
root@6702523bf1bb:/usr/local/apache2#
```

在容器的 Shell 中，查看监听端口。我们可以看到容器正在监听 80 端口。

```
root@6702523bf1bb:/usr/local/apache2# ss -tlnp
State       Recv-Q Send-Q Local     Address:Port          Peer Address:Port
LISTEN      0      0                 :::80       :::*  users:(("httpd",pid=1,fd=4))
```

通过命令 ps 可以查看容器内的进程。我们可以看见 httpd 的进程在运行。

```
root@6702523bf1bb:/usr/local/apache2# ps ax
   PID TTY       STAT    TIME COMMAND
     1 ?         Ss      0:00 httpd -DFOREGROUND
     6 ?         Sl      0:00 httpd -DFOREGROUND
     8 ?         Sl      0:00 httpd -DFOREGROUND
    25 ?         Sl      0:00 httpd -DFOREGROUND
    90 ?         Ss      0:00 bash
   100 ?         R+      0:00 ps ax
```

退出容器的 Shell。

```
root@6702523bf1bb:/usr/local/apache2# exit
```

通过 docker stop 命令停止容器实例。

```
$ docker stop web
```

通过 docker rm 命令删除已停止的容器实例。

```
$ docker rm web
```

6.2.5 构建容器镜像

在前面我们运行了一个 httpd 的容器实例。如果本地不存在相关的容器镜像，Docker 则默认会自动从 Docker Hub 上下载所需的镜像。通过命令 docker images 可以查看已经下载到本地的镜像列表。

```
$ docker images
REPOSITORY          TAG         IMAGE ID          CREATED         SIZE
docker.io/httpd     2.4         805130e51ae9      3 weeks ago     178 MB
```

容器镜像的一个优点是可重用，用户可以基于某个镜像创建出一个新的镜像。构建新 Docker 镜像的过程称为 Docker Build。具体来说，用户需要通过编写一个叫做 dockerfile 的文件定义镜像的内容，然后通过命令 Docker Build 进行镜像构建。下面是一个简单的 dockerfile 示例：

```
$ cat dockerfile
FROM httpd:2.4

ADD ./html/index.html /usr/local/apache2/htdocs
```

上面的 dockerfile 定义了新镜像的内容。通过指令 FROM，我们指定了新的镜像是基于镜像 httpd:2.4 构建。指令 ADD 表示将会把 html 目录下的文件 index.html 复制到镜像的目录 /var/www 中。

下面，让我们建立新镜像所需的 html 目录及文件 index.html。并为文件 index.html 添加内容 hello world。

```
$ mkdir html
$ echo 'hello world' > html/index.html
```

通过命令 docker build 可以进行镜像的构建。参数 -t 定义了新生成的镜像的名称为 my-httpd:1.0。命令执行后可以看到 Docker 构建镜像所执行的每一步操作的输出结果。

```
$ docker build -t my-httpd:1.0 .
Sending build context to Docker daemon 12.29 kB
Step 1/2 : FROM httpd:2.4
 ---> 805130e51ae9
Step 2/2 : ADD ./html/index.html /var/www/
```

```
 ---> 6905a1ccbfbe
Removing intermediate container fa344f633445
Successfully built 6905a1ccbfbe
```

镜像构建完毕后，查看本地的镜像列表，可以看到新生成的镜像 my-httpd:1.0。

```
$ docker images | grep my-httpd
my-httpd          1.0          6905a1ccbfbe          19 seconds ago          178 MB
```

尝试运行该镜像。添加参数 -p 将容器的端口映射到宿主机上。这样通过宿主机的 IP 地址加上端口 80 就可以访问容器中运行的 Web 服务了。

```
$ docker run -d -p 80:80 --name my-web my-httpd:1.0
```

尝试访问以下容器的 Web 服务，可以看到返回了 HTML 文件 index.html 的内容 hello world，说明通过 Docker Build 构建添加的新文件 index.html 已经被成功地加入容器镜像内。

```
$ curl 127.0.0.1
hello world
```

6.2.6　分享镜像

构建完毕后，镜像只是被保存在了构建过程发生的主机上，其他主机上的用户并不能访问该镜像。确认镜像无误后可以将镜像通过命令 docker push 推送到远程的镜像仓库供其他用户使用。用户需要将目标镜像仓库的地址加入到镜像的名称中，告诉 Docker 这个镜像需要被推送到哪一个镜像仓库中去。

通过命令 docker tag，用户可以对镜像的名称进行修改，加入镜像仓库的信息。在下面的例子中，通过名称的修改，指定了镜像 my-httpd:1.0 将被推送到位于 my-registry.example.com 的镜像仓库中。

```
$ docker tag my-httpd:1.0 my-registry.example.com/my-httpd:1.0
```

镜像名称修改完毕后，通过 docker push 就可以将镜像推送到指定的仓库中。

```
$ docker push my-registry.example.com/my-httpd:1.0
```

当镜像被推送到镜像仓库之后，其他用户可以通过 docker pull 命令将镜像从镜像仓库中下载到其主机上运行。

```
$ docker pull my-registry.example.com/my-httpd:1.0
```

前面是一个简单的 Docker 操作教程。关于 Docker 的技术细节还有很多，限于篇幅，这里不再赘述。通过上文的命令，读者可以了解如何使用 Docker 完成一些简单的任务。如果读者对 Docker 有浓厚的兴趣，希望深入了解，可以参考网上的相关教程，如 GitBook 上的开源 Docker 教程《Docker——从入门到实践》。

《Docker——从入门到实践》网址：https://legacy.gitbook.com/book/yeasy/docker_practice/details。

6.3　Kubernetes 基础

Kubernetes（https://kubernetes.io/）是 Google 推出的一个开源容器编排平台，如图 6-5 所示。早在多年前，Google 就是容器技术的使用大户。许多大众所熟悉的 Google 服务，如 Google 搜索和 Gmail 邮箱服务，都运行在容器环境中的应用。根据 Google 的官方信息，Google 每周需要启动超过 20 亿个容器。在 Google 内部存在一个叫作 Borg 的容器管理平台，该平台负责容器应用的生命周期管理。2014 年，Google 通过在 Borg 系统上收获的经验，推出了一个全新的容器编排平台 Kubernetes。Kubernetes 推出后得到了开源领军企业 Red Hat 的大力支持。Kubernetes 的推出引起了 IT 界极大的关注，Kubernetes 也迅速成为 GitHub 上最热门的开源项目。经过两年多的发展，Kubernetes 从与 Docker Swarm 和 Mesosphere 等编排工具的竞争中脱颖而出，成为容器编排领域的事实标准。Kubernetes 的应用几乎遍及各个领域。近几年，各大 IT 厂商如 IBM、Google 和 Microsoft 等都相继推出了基于 Kubernetes 的容器编排产品。

图 6-5　Kubernetes 容器编排平台

 提示　Kubernetes 是希腊语，意思为舵手。

Kubernetes 是一个容器编排平台。一个完整的 Kubernetes 架构是一个计算集群，其中包含若干台主机。这些主机有两种角色：Master 及 Node。如图 6-6 所示，在 Master 及 Node 上运行着不同种类的组件。

下面将对这些组件进行介绍。

❑ Master：Master 是 Kubernetes 集群中的控制节点。在 Master 节点上安装有 Kubernetes 的各类管理组件，如 API Server 及 Controller Manager，它们负责集群状态的控制。为了实现高可用，一个 Kubernetes 集群中可以有多个 Master。多个 Master 之间通过底层数据库 etcd 实现状态的同步。

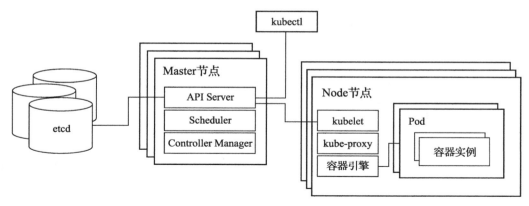

图 6-6　Kubernetes 集群架构图

- Node：Node 是 Kubernetes 集群中的计算节点。Node 节点负责运行具体的容器实例。Node 节点向集群中的 Master 节点上报状态，并接受调度指令。

- API Server：API Server 是运行在 Master 节点上的组件。Kubernetes 的功能均以 RESTful API 的方式对集群内外进行发布。Node 节点通过调用 API Server 上的 API 与 Master 节点进行通信。用户的命令行工具通过与 API Server 通信实现对 Kubernetes 集群的操作。

- Controller Manager：Controller Manager 是运行在 Master 节点上的组件。在 Kubernetes 架构中，各种功能都是通过各种独立的 Controller 实现的。Controller Manager 对各类 Controller 进行管理。

- Scheduler：Scheduler 为运行在 Master 节点上的调度器。Scheduler 负责容器应用的部署调度，比如用户部署容器时找到满足容器应用部署所需的集群节点。

- etcd：etcd 是一款开源的分布式键值对数据库。etcd 是 Kubernetes 的数据源，集群的状态信息和资源对象的定义都存储在 etcd 数据库集群中。

- kubelet：kubelet 是运行在 Node 节点上的 Kubernetes 组件。kubelet 负责监控 Node 节点及其上容器的状态，并持续向 Master 节点汇报。

- kube-proxy：kube-proxy 是运行在 Node 节点上的组件，负责 Kubernetes 的 Service 组件的管理。

- 容器引擎：在每个 Node 节点上都运行着容器引擎，如 Docker、负责容器实例生命周期的管理。实际上，除 Docker 之外，Kubernetes 还支持 CoreOS rkt 及 CRI-O 等符合 OCI 规范的容器引擎。

提
示 Open Container Initiative（https://www.opencontainers.org/）是各大 IT 厂商构成的一
个容器技术标准化组织。OCI 负责容器的运行时、镜像、网络和存储等规范的制定
和维护。

6.3.1 命名空间

在 Kubernetes 中存在命名空间（namespace）的概念。命名空间的作用是进行资源的组
织，它类似于文件系统中文件夹的作用，用来分隔不同的资源。用户一般会将用途相关的
一些对象放在同一个命名空间中进行管理。

6.3.2 Pod

Kubernetes 是一个容器编排平台，其负责容器的部署、扩展和状态的管理。为了方便
容器的管理，Kubernetes 引入了一个名为 Pod 的概念。Pod 是一种特殊的容器，当用户运行
一个容器应用时，该容器应用的容器可以认为是运行在这种名为 Pod 的特殊容器之中。一
个 Pod 中可以包含一个或多个容器。在同一个 Pod 里的多个容器共享该 Pod 的网络和容器
资源。在大多数情况下，一个 Pod 内只会包含一个容器，因此，可以简单地认为 Pod 就代
表我们所要运行的容器应用的容器。在 Kubernetes 中，应用调度和扩展是以 Pod 为单位的。

6.3.3 Service

Service 是 Kubernetes 中的一种资源对象。Service 可以作为多个 Pod 实例的前端，实
现流量的负载均衡。Service 可以实现集群内的服务发现。服务的调用方可以通过 Service
的名字对其进行服务发现，Service 是 Kubernetes 实现应用服务发现的手段。

6.3.4 Deployment

Deployment 是 Kubernetes 描述容器部署信息的资源对象。Deployment 对象详细记录了
用户需要部署的容器镜像地址、部署的实例数量及配置等信息。下面是一个 Deployment 对
象的定义示例。在 Kubernetes 中，对象的定义可以采用 YAML 或 JSON 格式。

```
apiVersion: apps/v1
kind: Deployment
metadata:
    name: nginx-deployment
    labels:
        app: nginx
```

```
spec:
    replicas: 2
    selector:
        matchLabels:
            app: nginx
    template:
        metadata:
            labels:
                app: nginx
        spec:
            containers:
            - name: nginx
                image: nginx:latest
                ports:
                - containerPort: 80
```

6.3.5　ReplicaSet

ReplicaSet 是 Kubernetes 中负责监控容器实例状态的资源对象，其保证实际运行的容器实例数量与用户定义的容器实例数量相符。ReplicaSet 在容器实例意外退出时会自动重新生成新的容器实例进行补充。在 Kubernetes 的早期版本中，ReplicaSet 的工作是由 Replication Controller 负责的。ReplicaSet 是 Replication Controller 的进化版。

当用户通过 Deployment 对象部署容器应用时，实际上 Kubernetes 会根据 Deployment 对象的部署描述生成 ReplicaSet 对象，进行容器实例的部署。

6.3.6　网络

Kubernetes 可以与多种软件定义网络（SDN）方案集成，为集群中的容器提供一个虚拟网络。每个容器都会获得一个虚拟的 IP 地址。在集群内，各个容器可以通过各自的 IP 地址进行通信。

6.3.7　Ingress

Ingress 是 Kubernetes 将集群内部的服务对外发布的一种方式。Kubernetes 集群内的容器 IP 地址和 Service IP 地址默认都是虚拟地址。集群以外的主机并不能识别这些虚拟的 IP 地址。Kubernetes 通过 Ingress 这种机制让集群外部的主机能访问集群内部的容器实例服务。简而言之，集群外部的主机通过 Ingress 访问 Kubernetes 内部的容器服务，Ingress 的作用类似于反向代理。Ingress 机制的实现依赖于两个组件，Ingress 对象和 Ingress Controller 对象。

Ingress 对象描述了流量的转发规则。用户通过 Ingress 对象描述什么样的流量请求应该被分发到什么样的后端容器实例中。下面是一个 Ingress 对象的定义，该对象定义了所有访问域名 www.example.com 的请求都要被转发到 Service website 的 80 端口。

```
apiVersion: extensions/v1beta1
kind: Ingress
metadata:
    name: my-ingress
spec:
    rules:
    - host: www.example.com
        http:
            paths:
            - backend:
                serviceName: website
                servicePort: 80
```

Ingress 对象制定规则，Ingress Controller 则是这些规则的执行者。Ingress Controller 接收用户的请求，并根据 Ingress 对象定义的规则对请求进行转发。Kubernetes 并没有给出一个默认的 Ingress Controller，用户需要自己实现 Ingress Controller。Ingress Controller 的实现有多种，可以通过 Nginx 或 HAProxy 等反向代理软件实现。Kubernetes 项目提供了一个基于 Nginx 的 Ingress Controller 的实现作为参考。

 提示　Kubernetes Nginx Ingress GitHub 仓库：https://github.com/kubernetes/ingress-nginx。

6.3.8　交互工具

Kubernetes 提供了命令行工具 kubectl 及 Web 图形界面让用户与集群进行交互。当然，用户也可以通过 RESTful API 直接调用 Kubernetes 集群的功能进行二次开发。

6.4　构建 Kubernetes 环境

没有什么比亲自动手能更好地了解一项技术了。Kubernetes 集群的安装有多种方式，可以是所有的组件都安装在一台主机上的 All-in-One 模式，也可以是一个包含上千台主机的集群。

Kubernetes 项目提供了工具 Minikube，让开发人员可以快速地在开发环境中启动一个可用的单节点 Kubernetes 环境。此外，用户也可以通过工具 Kubeadm 快速部署出一个多节点 Kubernetes 集群。一个常见的问题是 Minikube 和 Kubeadm 等工具需要连接到境外 Google 的服务器下载相应的软件包及容器镜像，目前国内无法访问 Google 的文件和镜像服务。用户需要通过可以访问 Google 服务的主机预先下载好相应的软件包和镜像。为了简化 Kubernetes 的

安装和配置，以便读者可以专注在 Kubernetes 的使用和 Serverless 相关的话题上，本书推荐
通过 Vagrant 启动预先安装配置好的 Kubernetes 虚拟机镜像作为学习和实验环境。

6.4.1　启动 Vagrant Box

本书示例所使用的 Kubernetes 虚拟机镜像为 flixtech/kubernetes，其中已经安装及配置
好一个单节点的 Kubernetes 集群。执行 vagrant init 命令下载这个 Kubernetes 虚拟机镜像的
定义。

```
# mkdir /opt/kube
# cd /opt/kube
# vagrant init flixtech/kubernetes --box-version 1.10
```

---

flixtech/kubernetes Vagrant Box 镜像的地址：https://app.vagrantup.com/flixtech/boxes/kuber-
netes/versions/1.10。

执行命令 vagrant up 启动 Kubernetes 虚拟机镜像。

```
# vagrant up
```

虚拟机启动完毕后，执行命令 vagrant ssh 连接到 Kubernetes 的虚拟机中。

```
# vagrant ssh
Linux contrib-stretch 4.9.0-6-amd64 #1 SMP Debian 4.9.82-1+deb9u3 (2018-03-02) x86_64

The programs included with the Debian GNU/Linux system are free software;
the exact distribution terms for each program are described in the
individual files in /usr/share/doc/*/copyright.

Debian GNU/Linux comes with ABSOLUTELY NO WARRANTY, to the extent
permitted by applicable law.
$
```

获取虚拟机的命令行后，可以执行命令查看 Kubernetes 集群的节点状态。从下面的示
例输出中可见，当前集群有一个节点，其状态为就绪（Ready）。

```
$ kubectl get nodes
NAME          STATUS    ROLES      AGE      VERSION
10.10.0.2     Ready     <none>     21d      v1.10.0
```

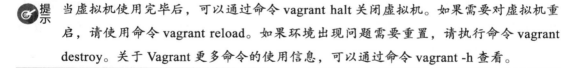

提
示　当虚拟机使用完毕后，可以通过命令 vagrant halt 关闭虚拟机。如果需要对虚拟机重
启，请使用命令 vagrant reload。如果环境出现问题需要重置，请执行命令 vagrant
destroy。关于 Vagrant 更多命令的使用信息，可以通过命令 vagrant -h 查看。

6.4.2 修改默认域

Vagrant Box flixtech/kubernetes 的 Kubernetes 的内部域为 k8s.local，而许多应用访问 Kubernetes 服务所使用的域为 cluster.local。为了方便，可以修改集群默认的域。

通过下面的命令修改配置文件和 Kubernetes 中对象的定义，将域 k8s.local 替换为 cluster.lcoal。

```
$ sudo sed -i s/'k8s.local'/'cluster.local'/g \
    /etc/systemd/system/kubelet.service
$ sudo sed -i s/'k8s.local'/'cluster.local'/g \
    /etc/kubernetes/manifests/kube-dns.yml
$ kubectl get deployment kube-dns -n kube-system -o yaml| \
    sed s/'k8s.local'/'cluster.local'/g |kubectl apply -f -
```

修改完毕后重启虚拟机，使配置生效。

```
# vagrant reload
```

虚拟机重启后，登录虚拟机并检查域名是否已经被替换成功。

```
$ ps ax|grep cluster.local
```

6.5 Kubernetes 实战

通过 Vagrant 的帮助，我们已经拥有了一个 Kubernetes 集群环境。通过这个环境，我们可以进一步探索 Kubernetes 的使用技巧。

6.5.1 部署容器

前面介绍了 Docker 的基本使用技巧，其中我们通过 docker run 命令启动了一个 httpd 的容器实例，在 Kubernetes 下应该怎么部署呢？ Kubernetes 为用户提供了命令行工具 kubectl 以完成日常的集群管理操作。

如前所述，Kubernetes 中以命名空间作为资源的隔离和组织单位。在部署容器应用前，应该先创建一个命名空间。下面的命令创建一个名为 serverless 的命名空间。

```
$ kubectl create namespace serverless
namespace "serverless" created
```

命名空间创建完毕后，通过命令 kubectl run 部署 httpd:2.4 镜像。参数 --image 指定了容器镜像名称为 httpd:2.4。参数 --port 指定了容器需要对外暴露的服务端口为 80。参数 -n 指定了当前命令执行的目标命名空间为 serverless。

```
$ kubectl run httpd --image=httpd:2.4 \
--port 80 -n serverless
deployment.apps "httpd" created
```

执行应用部署后，查看命名空间 serverless 下的容器。可以看到一个 httpd 容器的示例正在创建，其状态为 ContainerCreating。

```
$ kubectl get pod -n serverless
NAME                      READY      STATUS              RESTARTS      AGE
httpd-d8ffbc4b-wfx9x      0/1        ContainerCreating   0             2m
```

通过命令 kubectl describe pod 可以查看该容器的详细信息状态。通过其容器事件可以看到信息 pulling image "httpd:2.4"，说明当前系统正在下载 httpd:2.4 的镜像。

```
$ kubectl describe pod httpd-d8ffbc4b-wfx9x  -n serverless

Name:           httpd-d8ffbc4b-wfx9x
Namespace:      serverless
Node:           10.10.0.2/10.10.0.2
Start Time:     Wed, 18 Apr 2018 12:58:29 +0000
Labels:         pod-template-hash=84996706
                run=httpd
Annotations:    <none>
Status:         Pending
---内容省略---
Events:
    Type      Reason                  Age      From                Message
    ----      ------                  ----     ----                -------
    Normal    Scheduled               3m       default-scheduler   Successfully
        assigned httpd-d8ffbc4b-wfx9x to 10.10.0.2
    Normal    SuccessfulMountVolume   3m       kubelet, 10.10.0.2  MountVolume.SetUp
        succeeded for volume "default-token-6dp28"
    Normal    Pulling                 3m       kubelet, 10.10.0.2  pulling image
        "httpd:2.4"
```

稍候片刻，当 httpd:2.4 的容器镜像下载完毕后，Kubernetes 将启动 httpd 容器实例，其容器实例的状态将变成 Running，如下面的输出所示。参数 -o wide 让命令 kubectl 输出了更多的信息，如容器实例的 IP 地址及其所在的 Node 节点名称。

```
$ kubectl get pod -o wide -n serverless
NAME                      READY   STATUS    RESTARTS   AGE    IP             NODE
httpd-d8ffbc4b-wfx9x      1/1     Running   0          14m    10.10.0.131    10.10.0.2
```

httpd 容器实例启动后，通过容器实例的 IP 地址及服务端口，用户就可以访问容器中的 Web 服务，并获得 Apache HTTP 服务器的返回。

```
$ curl 10.10.0.131
<html><body><h1>It works!</h1></body></html>
```

6.5.2 弹性扩展

容器的一个重要特点是其易于进行弹性扩展。通过 Kubernetes，用户可以非常容易地对容器应用进行扩容和缩容。命令 kubectl scale 可以帮助用户对容器实例进行弹性扩展。参数 --replicas 指定了扩展目标实例数至两个。

```
$ kubectl scale --replicas=2 deployment/httpd -n serverless
deployment.extensions "httpd" scaled
```

命令 kubectl scale 执行完毕后再次查看容器实例状态，可以发现容器实例已经扩展成两个。每个容器实例都有一个独立的 IP 地址。

```
$ kubectl get pod -o wide -n serverless
NAME                     READY   STATUS    RESTARTS   AGE    IP             NODE
httpd-d8ffbc4b-h6kcj     1/1     Running   0          26s    10.10.0.132    10.10.0.2
httpd-d8ffbc4b-wfx9x     1/1     Running   0          25m    10.10.0.131    10.10.0.2
```

在执行命令 kubectl scale 时，我们指定了需要扩展的对象为 deployment/httpd，其意思是需要扩展的对象是名为 httpd 的 Deployment 对象。Deployment 对象是 Kubernetes 集群中用于描述容器部署配置信息的资源对象。在执行命令 kubectl run 部署容器镜像时，kubectl 针对那次部署创建了一个部署描述对象 deployment/httpd。

通过命令 kubectl describe deployment 可以查看对象 deployment/httpd 的详细信息。从下面的示例输出中可以看到 Deployment 对象中包含容器部署的镜像、环境变量、端口、数据卷及更新方式等配置信息。通过 Deployment 对象，Kubernetes 用户可以定义容器部署的细节。

```
$ kubectl describe deployment httpd -n serverless
Name:                   httpd
Namespace:              serverless
CreationTimestamp:      Wed, 18 Apr 2018 12:58:29 +0000
Labels:                 run=httpd
Annotations:            deployment.kubernetes.io/revision=1
Selector:               run=httpd
Replicas:               2 desired | 2 updated | 2 total | 2 available | 0 unavailable
StrategyType:           RollingUpdate
MinReadySeconds:        0
RollingUpdateStrategy:  1 max unavailable, 1 max surge
Pod Template:
   Labels:  run=httpd
   Containers:
      httpd:
         Image:      httpd:2.4
         Port:       80/TCP
         Host Port:  0/TCP
```

```
            Environment:   <none>
            Mounts:        <none>
      Volumes:            <none>
Conditions:
      Type             Status   Reason
      ----             ------   ------
      Available        True     MinimumReplicasAvailable
      Progressing      True     NewReplicaSetAvailable
OldReplicaSets:  <none>
NewReplicaSet:   httpd-d8ffbc4b (2/2 replicas created)
Events:
      Type    Reason          Age    From                   Message
      ----    ------          ----   ----                   -------
      Normal  ScalingReplicaSet 34m  deployment-controller  Scaled up replica
         set httpd-d8ffbc4b to 1
      Normal  ScalingReplicaSet 9m   deployment-controller  Scaled up replica
         set httpd-d8ffbc4b to 2
```

6.5.3　服务发现

前文介绍过 Kubernetes 中存在一种负载均衡的资源对象 Service。在上面的例子中，我们将容器实例弹性扩展成两个后，每个容器都有自己的 IP 地址。通过命令 kubectl expose 可以为 httpd 这个 Deployment 的两个容器实例创建一个对应的 Service 对象。

```
$ kubectl expose deployment/httpd -n serverless
service "httpd" exposed
```

每个 Kubernetes 的 Service 都会被分配一个固定的虚拟 IP，访问这个虚拟 IP 地址的流量将会发送给与该 Service 相关联的容器实例。

```
$ kubectl get svc -n serverless
NAME    TYPE        CLUSTER-IP   EXTERNAL-IP   PORT(S)   AGE
httpd   ClusterIP   10.0.0.51    <none>        80/TCP    19s
```

通过命令 kubectl describe svc 可以查看 Service 的详细信息。可以看到 Service httpd 关联了两个容器实例端点（Endpoint）——10.10.0.131:80 和 10.10.0.132:80。

```
$ kubectl describe  svc -n serverless
Name:              httpd
Namespace:         serverless
Labels:            run=httpd
Annotations:       <none>
Selector:          run=httpd
Type:              ClusterIP
IP:                10.0.0.51
Port:              <unset>  80/TCP
TargetPort:        80/TCP
Endpoints:         10.10.0.131:80,10.10.0.132:80
```

```
Session Affinity:   None
Events:             <none>
```

为了验证 Service 的访问，我们再部署一个 CentOS Linux 容器作为客户端。参数 --command 指定了容器启动后执行的命令为 bash -c 'sleep 1d'。这让容器启动后执行命令 sleep，保持容器不会退出。稍等片刻后，容器启动完毕，CentOS 容器的状态将变成 Running。

```
$ kubectl run centos --image=centos:7 -n serverless --command -- bash -c 'sleep 3d'
$ kubectl get pod -n serverless|grep centos
centos-787588f67c-6lpqq   1/1          Running   0          2m
```

CentOS 容器启动进入 Running 状态后，通过命令 kubectl exec 获取 CentOS 容器的命令行。

```
$ kubectl exec -it  centos-787588f67c-6lpqq -n serverless bash
[root@centos-787588f67c-6lpqq /]#
```

CentOS 容器通过 Service httpd 的 IP 地址可以直接访问后端容器实例的服务。通过 httpd Service 的 IP 地址 10.0.0.51 可以直接访问 httpd 容器实例中的服务。

```
[root@centos-787588f67c-6lpqq /]# curl 10.0.0.51
<html><body><h1>It works!</h1></body></html>
```

除了负责流量负载均衡外，Service 的另一个重要功能是实现服务发现。在 Kubernetes 中，容器可以通过 Service 的名字发现服务的调用地址。域名 <Service 名 >.< 命令空间 >. svc.cluster.local 可以被 Kubernetes 集群的内部 DNS 解析成 Service 的 IP 地址。如下面的例子所示，通过域名 httpd.serverless.svc.cluster.local 可以访问 httpd 容器实例中的容器。

```
[root@centos-787588f67c-6lpqq /]# curl httpd.serverless.svc.cluster.local
<html><body><h1>It works!</h1></body></html>
```

通过 Kubernetes 的服务发现的机制，服务的调用方通过 Service 的名字就可以访问到服务后端的容器实例。当容器实例的数量发生变化时，Kubernetes 集群会自动管理 Service 与容器的关联关系。Service 的调用方无须关注这些变化的细节。

6.5.4　资源组织

在 Kubernetes 集群中，几乎可以为任何对象添加标签（Label）。通过对资源对象添加标签，用户可以在操作时对对象进行批量操作。标签是一种有效的资源组织方式。

通过命令 kubectl get 的参数 --show-labels 可以列出各个资源的标签信息，下面的例子列出了命名空间 serverless 下所有的常规资源对象。

```
$ kubectl get all -n serverless --show-labels
```

```
NAME                              READY      STATUS     RESTARTS    AGE      LABELS
centos-787588f67c-6lpqq           1/1        Running    0           6h       pod-template-
    hash=3431449237,run=centos
httpd-d8ffbc4b-h6kcj              1/1        Running    0           9h       pod-template-
    hash=84996706,run=httpd
httpd-d8ffbc4b-wfx9x              1/1        Running    0           9h       pod-template-
    hash=84996706,run=httpd

NAME      TYPE         CLUSTER-IP     EXTERNAL-IP    PORT(S)    AGE      LABELS
httpd     ClusterIP    10.0.0.51      <none>         80/TCP     8h       run=httpd

NAME      DESIRED      CURRENT        UP-TO-DATE     AVAILABLE    AGE      LABELS
centos    1            1              1              1            6h       run=centos
httpd     2            2              2              2            9h       run=httpd

NAME                    DESIRED      CURRENT      READY      AGE        LABELS
centos-787588f67c       1            1            1          6h         pod-template-
    hash=3431449237,run=centos
httpd-d8ffbc4b          2            2            2          9h         pod-template-
    hash=84996706,run=httpd
```

通过参数 -l 可以对资源对象的标签进行筛选。在下面的例子中，通过标签 run=centos 可以一次将 centos 容器相关的 Pod、Deployment 及 ReplicaSet 三类不同的对象都列举出来。没有包含该标签的其他对象都将被过滤掉。

```
$ kubectl get all -l run=centos -n serverless
NAME                              READY      STATUS     RESTARTS    AGE
centos-787588f67c-6lpqq           1/1        Running    0           6h

NAME      DESIRED      CURRENT        UP-TO-DATE     AVAILABLE    AGE
centos    1            1              1              1            6h

NAME                    DESIRED      CURRENT      READY      AGE
centos-787588f67c       1            1            1          6h
```

通过标签选择器，可以批量删除一次部署所产生的所有相关对象。

```
$ kubectl delete  all -l run=centos -n serverless
pod "centos-787588f67c-6lpqq" deleted
deployment.apps "centos" deleted
$ kubectl get all -l run=centos -n serverless
No resources found.
```

6.5.5　容器调度

Kubernetes 可以根据容器部署配置的需求将容器调度到满足条件的集群节点上运行，确保节点上有足够的 CPU、内存等资源运行容器。此外，用户可以通过在部署配置中设置节点选择器（Node Selector）的方式让容器部署到指定的集群节点上。

通过命令 kubectl edit 编辑容器 httpd 的部署配置。为了便于编辑，使用参数 -o 指定内容输出格式为 JSON。

```
$ kubectl edit deployment httpd  -n serverless -o json
```

在下面的示例中添加节点选择器定义 "nodeSelector": {"web": "true"},，这表示 httpd 容器需要运行在带有标签 web=true 的机器节点上。

```
"dnsPolicy": "ClusterFirst",
"nodeSelector": {"web": "true"},
"restartPolicy": "Always",
"schedulerName": "default-scheduler",
"securityContext": {},
```

此时查看容器状态会发现 httpd 容器的实例都处于等待（Pending）状态。

```
$ kubectl get pod -n serverless
NAME                        READY     STATUS      RESTARTS    AGE
httpd-6cb86857ff-jghcg      0/1       Pending     0           2m
httpd-6cb86857ff-lht5c      0/1       Pending     0           2m
```

查看其中一个容器实例的关联事件，可以看到其中有调度失败的信息，FailedScheduling。这是因为目前没有一个集群节点带有部署描述 Deployment 中指定的节点选择器所需要的标签 web=true。

```
$ kubectl describe pod httpd-6cb86857ff-jghcg -n serverless|tail -5
Tolerations:        <none>
Events:
    Type       Reason          Age                  From              Message
    ----       ------          ----                 ----              -------
    Warning    FailedScheduling 46s (x15 over 3m)   default-scheduler   0/1 nodes
        are available: 1 node(s) didn't match node selector.
$
```

可通过命令 kubectl label 为节点打上标签 web=true，这将使得该节点满足调度的要求。

```
$ kubectl label node 10.10.0.2 web=true
node "10.10.0.2" labeled
$ kubectl get node --show-labels
NAME          STATUS    ROLES     AGE       VERSION     LABELS
10.10.0.2     Ready     <none>    21d       v1.10.0
beta.kubernetes.io/arch=amd64,beta.kubernetes.io/os=linux,kubernetes.io/hostname=
    10.10.0.2,web=true
```

再次查看 httpd 容器实例的状态，可以发现容器实例已经被正常部署了。

```
$ kubectl  get pod -n serverless
NAME                        READY     STATUS      RESTARTS    AGE
httpd-6cb86857ff-jghcg      1/1       Running     0           12m
```

```
httpd-6cb86857ff-lht5c    1/1       Running    0         12m
```

通过上面的例子可以看到，通过标签和节点选择器，用户可以对容器的部署进行按需调度。在一个含有多个节点的 Kubernetes 集群中，这个功能显得尤为重要。比如，用户可以将机器学习容器应用调度到含有特殊显卡 GPU 的机器上运行，以利用 GPU 加速机器学习的效率，或者将容器应用调度到某个特定地区的数据中心。

前文介绍了 Kubernetes 的基本用法，让读者可以使用 Kubernetes 部署和管理容器应用。下一章将介绍 Serverless 平台 OpenWhisk，在将 OpenWhisk 部署到 Kubernetes 的过程中，我们将了解更多关于 Kubernetes 的特性。通过对 OpenWhisk 在 Kubernetes 上的部署，可以了解 Kubernetes 是如何满足一个完整应用各个方面的需求的。这是深入了解 Kubernetes 平台的一个绝佳机会。

6.6　本章小结

本章介绍了容器技术的相关概念。通过一些例子，介绍了 Docker 容器引擎以及 Kubernetes 平台的基本使用技巧。Docker 和 Kubernetes 是许多 Serverless 平台的基础技术，掌握 Docker 和 Kubernetes 是了解其他 Serverless 平台架构实现的基础。

虽然 Docker 和 Kubernetes 还有很多技术细节在本章中并没有介绍，如 DaemonSet、StatefulSet 及 Cronjob 等。但是不用担心，在后面的章节里，在对一些 Serverless 平台进行架构分析和部署时，我们还将接触到许多 Kubernetes 的相关概念，在实际的例子中学习和掌握相关概念将更加有效。

OpenWhisk

OpenWhisk 是一个开源的 Serverless 计算平台。OpenWhisk 可以让开发人员专注于代码的开发，提升软件开发和交付效率。OpenWhisk 可以被部署在私有数据中心内，成为构建私有云 Serverless 平台的基础。

通过本章的内容，你将了解：

❑ OpenWhisk 的系统架构。

❑ OpenWhisk 各类组件和对象的作用。

❑ 如何使用 OpenWhisk 构建 Serverless 应用。

❑ Kubernetes 更深入的使用。

7.1 OpenWhisk 项目

OpenWhisk 项目（https://openwhisk.apache.org/）最初是 IBM 研究院的内部项目，如图 7-1 所示。2016 年 IBM 将其在 GitHub 上进行开源，随后 Adobe 公司加入项目参与 API 网关的开发。2016 年，IBM 将 OpenWhisk 项目捐赠给 Apache 软件基金会，从此 Open-Whisk 进入了 Apache 软件基金会的项目孵化器。

如图 7-2 所示，目前 OpenWhisk 项目在 GitHub 上有若干个子项目，不同的项目维护不同的系统模块。其主体的项目 incubator-openwhisk 当前有 3000 多个 Star（GitHub 上的"赞"）以及 100 多位贡献者。排名靠前的贡献者大多来自 IBM，其中也有 Adobe 和 Red

Hat 的贡献者。拥有 IBM、Adobe 及 Red Hat 等厂商的支持，使得 OpenWhisk 项目的前景更有保证。

图 7-1　开源 Serverless 平台 OpenWhisk

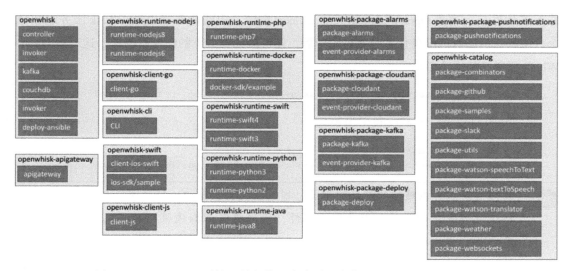

图 7-2　OpenWhisk 系统组件与代码仓库（图片来源：OpenWhisk 项目）

　　开源的 OpenWhisk 平台可以被部署到用户私有数据中心的虚拟化平台或者容器平台上。基于开源的 OpenWhisk 项目，IBM 推出了商用 Serverless 公有云服务 IBM Cloud Functions（https://console.bluemix.net/openwhisk/）。IBM Cloud Functions 提供了在线 Web 控制台，用户可以在线编写和执行函数，查看函数应用的日志和监控信息。

7.2　Hello Whisk

　　在深入了解 OpenWhisk 的架构和组件之前，我们先通过实际的 OpenWhisk 环境对其有一个直观的认识。为了方便用户体验和开发 OpenWhisk，OpenWhisk 项目维护了一个 Vagrant Box 的环境。

要启动 OpenWhisk 的 Vagrant Box，首先需要从 GitHub 下载 OpenWhisk 项目的源代码。

```
# git clone --depth=1 https://github.com/apache/incubator-openwhisk.git openwhisk
# cd openwhisk/tools/vagrant
```

运行 OpenWhisk 项目预制的脚本 hello，启动 OpenWhisk Vagrant Box 虚拟机。使用 Linux 和 Mac 主机的读者请执行如下命令，使用 Windows 的读者请执行脚本 hello.cmd。

```
# ./hello
```

执行脚本后，Vagrant 将下载虚拟机镜像，并启动虚拟机。虚拟机启动后，Vagrant 将根据 OpenWhisk 项目 Vagrant 文件的定义对虚拟机进行初始化。该过程包括安装需要的操作系统软件包、构建 OpenWhisk 相关的 Docker 镜像、构建并部署 OpenWhisk 服务端和命令行工具。当所有的准备任务都执行完毕后，便可以见到如下的命令行输出，这表示 Open-Whisk 服务已经成功启动。

```
default: ++ wsk action invoke /whisk.system/utils/echo -p message hello --result
    default: {
    default:     "message": "hello"
    default: }
    default: +++ date
    default: ++ echo 'Sun Apr 22 04:31:41 UTC 2018: build-deploy-end'
```

> 🎯 **提示** 因为要安装和构建的软件包比较多，因此需要耐心等待一段时间。具体的时长由网络速度以及虚拟机的性能决定。此外，请注意保证测试所用的主机有足够的 CPU 和内存。虚拟机的默认配置为 4 个 vCPU 及 4GB 内存。如果在虚拟机初始化的过程中发生了错误，可以通过命令 vagrant halt 停止虚拟机，然后通过命令 vagrant provision 重新进行初始化。如果在初始化的过程中 Docker 镜像的下载太慢或者有一些境外的服务无法连接，请转移到网络环境更通畅的地方再尝试。

使用命令 vagrant ssh 可以通过 SSH 协议连接到 OpenWhisk 虚拟机进行操作。

```
# vagrant ssh
```

查看虚拟机的 Docker 容器实例列表，可以看到系统中已经运行了一些 OpenWhisk 组件的容器实例。各个 OpenWhisk 组件的详细作用将在后文详细介绍。

```
vagrant@ubuntu-xenial:/etc/docker$ docker ps|awk '{print $2}'
ID
whisk/nodejs6action:latest
nginx:1.12
whisk/nodejs6action:latest
whisk/nodejs6action:latest
whisk/nodejs6action:latest
```

```
whisk/invoker:latest
whisk/controller:latest
wurstmeister/kafka:0.11.0.1
zookeeper:3.4
openwhisk/apigateway:0.9.10
redis:3.2
apache/couchdb:2.1
```

OpenWhisk 内置了一个示例 echo 函数。该函数的作用是将用户所输入的字符串原封不动地返回。通过 OpenWhisk 的命令行工具 wsk 调用该 echo 函数。可以看到 echo 函数返回了调用输入的字符串 hello, whisk。

```
wsk action invoke /whisk.system/utils/echo -p message 'hello, whisk'  --result
{
    "message": "hello, whisk"
}
```

至此，OpenWhisk 环境就准备完毕了。

7.3　逻辑架构

OpenWhisk 是一个事件驱动的平台。如图 7-3 所示，各类事件源向平台发送事件信息。事件（Feed）到达平台后会触发触发器（Trigger）。平台根据规则（Rule）触发相应的动作（Action），动作是用户定义的函数逻辑。若干个动作可以构成调用链（Sequence）。用户可以在各种动作中调用其他外部服务以完成最终的任务。

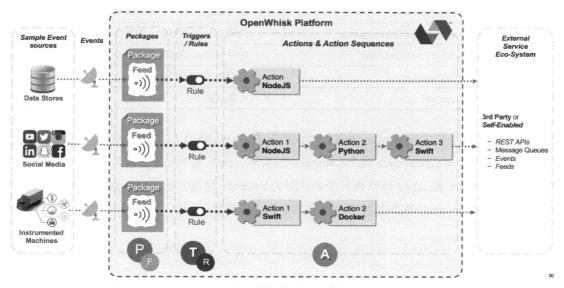

图 7-3　OpenWhisk 平台逻辑架构（图片来源：OpenWhisk 项目）

7.3.1 Namespace

Namespace（命名空间）是 OpenWhisk 组织资源的方式。用户可以将相关的各类资源收纳于同一个 Namespace 中。在 OpenWhisk 中存在一个名为 default 的默认 Namespace。命名空间 /whisk.system 则是系统内置的 Namespace，用于存放系统默认对象。

7.3.2 Package

和 Namespace 类似，Package（包）的用途也是组织各种资源对象，如 Feed、Trigger、Rule 和 Action。一个 Namespace 中可以包含若干个 Package。除了用来打包一系列相关的资源对象外，Package 的另一个重要功能是资源共享和重用。在 OpenWhisk 平台上，用户可以将自己的 Package 共享给其他用户。Package 是 OpenWhisk 扩展的一种方式。通过 Package，用户可以导入 OpenWhisk 社区其他贡献方开发的功能。表 7-1 列出了 OpenWhisk 系统默认提供的 Package。

表 7-1　OpenWhisk 系统默认 Package

Package 名称	功 能 描 述
/whisk.system/github	对接 GitHub WebHook 的支持
/whisk.system/samples	示例参考
/whisk.system/slack	提供对接 Slack 服务的支持
/whisk.system/utils	提供实现基本功能的 Action
/whisk.system/watson-speechToText	IBM Watson 服务的语音转文字服务支持
/whisk.system/watson-textToSpeech	IBM Watson 服务的文字转语音服务支持
/whisk.system/watson-translator	IBM Watson 服务的翻译服务支持
/whisk.system/weather	提供天气数据对接支持
/whisk.system/websocket	提供 Web Socket 对接支持

前面调用过系统内置的 echo 函数，该函数在 OpenWhisk 中的访问路径为 /whisk.system/utils/echo。其中 /whisk.system 是 Namespace 的名称，utils 是 Package 的名称，echo 是函数名。通过命令 wsk package 可以查看命名空间的 Package 列表。从下面的输出可以看到，命名空间 /whisk.system 中存在各种系统预置的 Package 资源。

```
$ wsk package list /whisk.system
packages
/whisk.system/combinators                                      shared
/whisk.system/samples                                          shared
/whisk.system/watson-translator                                shared
```

```
/whisk.system/watson-textToSpeech                                      shared
/whisk.system/utils                                                    shared
/whisk.system/watson-speechToText                                      shared
/whisk.system/weather                                                  shared
/whisk.system/websocket                                                shared
/whisk.system/slack                                                    shared
/whisk.system/github                                                   shared
```

如果你对 Package 的内容感兴趣，可以使用命令 wsk package get 查看 Package 里的内容。下面的例子列出了 Package /whisk.system/github 的内容，其中定义了一个 Feed 对象 webhook。

```
$ wsk package get /whisk.system/github ok: got package github
{
    "namespace": "whisk.system",
    "name": "github",
    "version": "0.0.1",
    "publish": true,
    "annotations": [
        {
            "key": "description",
            "value": "Package which contains actions and feeds to interact with Github"
        }
    ],
    "binding": {},
    "feeds": [
        {
            "name": "webhook",
            "version": "0.0.1",
            "annotations": [
                {
                    "key": "description",
                    "value": "Creates a webhook on GitHub to be notified on selected
                        changes"
                },
------内容省略------
```

7.3.3　Action

Action（动作）是用户定义的函数。目前 OpenWhisk 支持通过 Java、Node.js、Python、PHP 以及 Swift 的函数运行环境，也支持以 Docker 形式提交函数。

要创建一个 Action，首先要定义函数的逻辑。下面是一个 Node.js 函数的简单例子。该函数接受一个字符串输入作为名称，然后返回一个字符串。将代码内容保存为文件 hello.js。

```
function main (param) {
    var name = param.name || 'Whisk'
    return { payload: 'Hello, ' + name + '!' }
}
```

执行命令 wsk action create，创建一个名为 hello 的 Action。

```
$ wsk action create hello hello.js
ok: created action hello
```

Action 创建完毕后，可以通过命令 wsk action list 查看该 Action。可以看到，OpenWhisk 中创建了一个 Action。wsk 命令非常聪明，它可以根据输入的函数文件的文件名判断这是一段 Node.js 代码，然后为该 Action 自动选择 Node.js 的运行环境。

```
$ wsk action list
actions
/guest/hello                                                    private nodejs:6
```

函数创建完毕后就可以进行调用了。在 OpenWhisk 中，调用可以是同步（Synchronized）调用，也可以是异步（Asynchronized）调用。默认的函数调用模式为异步调用。使用参数 --blocking 可以指定调用模式为同步调用，命令行将等待调用的结果返回。

```
$ wsk action invoke hello --blocking -r
{
    "payload": "Hello, Whisk!"
}
```

因为默认的调用模式为异步调用，因此命令行在调用后就马上返回一个调用的标识符。

```
$ wsk action invoke hello
ok: invoked /_/hello with id 5f31eea5c4eb469cb1eea5c4eb469c7b
```

在 OpenWhisk 中，每一次调用都将产生一个 Activation 对象记录调用的参数、日志和结果。异步调用返回的标识符实际上是 Activation 对象的 id。通过这个 id，用户可以查询该次调用的返回结果。通过命令 wsk activation get 可以查看该 id 的调用结果。从下面的示例输出可以看到，Activation 中包含调用的起始和结束时间、执行的时长、调用状态、结果以及日志等信息。

```
$ wsk activation get 5f31eea5c4eb469cb1eea5c4eb469c7b
ok: got activation 5f31eea5c4eb469cb1eea5c4eb469c7b
{
    "namespace": "guest",
    "name": "hello",
    "version": "0.0.1",
    "subject": "guest",
    "activationId": "5f31eea5c4eb469cb1eea5c4eb469c7b",
    "start": 1524378471896,
    "end": 1524378471901,
    "duration": 5,
    "response": {
        "status": "success",
```

```
            "statusCode": 0,
            "success": true,
            "result": {
                "payload": "Hello, Whisk!"
            }
        },
        "logs": [],
        "annotations": [
            {
                "key": "limits",
                "value": {
                    "logs": 10,
                    "memory": 256,
                    "timeout": 60000
                }
            },
            {
                "key": "path",
                "value": "guest/hello"
            },
            {
                "key": "kind",
                "value": "nodejs:6"
            },
            {
                "key": "waitTime",
                "value": 108
            }
        ],
        "publish": false
}
```

Activation 是用户跟踪 Action 调用的主要手段。通过命令 wsk activation list 可以查看 OpenWhisk 中 Action 的调用历史。通过具体的 Activation 可以查看某一次执行的详细记录。

```
$ wsk activation list
activations
5f31eea5c4eb469cb1eea5c4eb469c7b hello
8acbc95736844d8b8bc95736840d8b8c hello
0aa4bfab738b4a00a4bfab738b9a002a hello
0e8a26babd1d4e878a26babd1d6e876a hello
01f5b105fdbd4423b5b105fdbda423ac hello
```

在 OpenWhisk 中，用户可以将多个 Action 串联起来形成一个调用链（Sequence）。下面的例子是通过系统内置的函数 split 和 sort 形成一个调用链的 Action splitAndSort。参数 --sequence 指定了该调用链所涉及的函数列表。

```
$ wsk -i action create  splitAndSort \
   --sequence  /whisk.system/utils/split,/whisk.system/utils/sort
```

用户调用 Action splitAndSort 时，OpenWhisk 会根据定义先调用函数 split 对数据进行分割，然后再将处理结果传递给函数 sort 进行排序。在下面的调用例子里，输入的字符串被分割成数组后再进行排序，最终的输出结果便是经过排序的水果名称的数组。

```
$ wsk action invoke splitAndSort \
    -p payload 'Apple,Durian,Banana,Cherries,Elderberries,Figs,Grapes,' \
    -p separator ',' \
    -r
{
    "length": 8,
    "lines": [
        "",
        "Apple",
        "Banana",
        "Cherries",
        "Durian",
        "Elderberries",
        "Figs",
        "Grapes"
    ]
}
```

OpenWhisk 默认提供对多种编程语言的支持，用户在 OpenWhisk 上开发 Serverless 应用时无须了解底层的细节。但是为了增强扩展性和灵活性，OpenWhisk 也支持用户以容器镜像的形式创建 Action。

用户可以像定义其他 Action 一样定义 Docker Action。下面的例子创建了一个基于 Docker 镜像 my-docker-action:0.1 的 Action my-docker-action。

```
$ wsk action create my-docker-action --docker my-docker-action:0.1
```

为了更好地扩展，OpenWhisk 还支持用户基于 Docker Action 运行二进制执行文件。

OpenWhisk 要求函数所执行的二进制文件名设置为 exec，下面是一个 Shell 脚本的例子。这个 Shell 脚本的逻辑并不复杂，首先从输入参数中获取名字，并将值赋给变量 name，最后，通过命令 echo 输出一句问候语。问候语中包含输入参数的信息和容器实例的主机名。

```
$ cat exec
#!/bin/bash
name=`echo $1|grep name|awk -F '"' '{print $4}'`
echo "{\"message\": \"Hello $name from $HOSTNAME! \"}"
```

对脚本 exec 进行压缩。如果执行文件有多个，可以打成一个压缩包。

```
$ zip exec.zip exec
    adding: exec (stored 0%)
```

创建 Docker Action。在创建命令中指定包含执行文件的压缩包 exec.zip。参数 --docker

指定该 Action 的容器镜像为 openwhisk/dockerskeleton。这是 OpenWhisk 为执行二进制文件提供的一个 Docker 镜像。

```
$ wsk action create greeting exec.zip --docker openwhisk/dockerskeleton
ok: created action greeting
```

执行刚才创建的 Action greeting。函数被成功执行，并返回消息。可以看到，返回的消息中包含调用时传递的输入参数。

```
$ wsk action invoke greeting  -p name nico -r
{
    "message": "Hello nico from 0316896f5e68! "
}
```

7.3.4　Feed

事件和事件源是事件驱动架构中的核心概念。Feed（消息）在 OpenWhisk 中代表事件源发送来的事件的流（Stream）。OpenWhisk 从事件源中获取事件主要有以下三种模式：被动接收、主动轮询以及长连接。

- ❏ 被动接收：在被动接收模式下，OpenWhisk 提供一个可被外部访问的 Web Hook 地址。事件源的系统在事件发生时通过调用该 Web Hook 地址将信息发送至 OpenWhisk。比如，用户可以在 GitHub 上配置 Web Hook，在代码提交时触发 OpenWhisk 中的 Action。
- ❏ 主动轮询：在主动轮询模式下，用户在 OpenWhisk 中定义一个周期性执行的 Action，在函数中通过调用目标系统的 API 查询并获取指定的事件。
- ❏ 长连接：在长连接模式下，用户在 OpenWhisk 之外运行一个独立的程序，该程序负责与目标事件源系统建立长连接，获取事件并通知 OpenWhisk。

7.3.5　Trigger

在测试环境中，OpenWhisk 中的用户可以通过命令 wsk action invoke 执行 Action，但是在实际上线时，用户需要通过 Trigger（触发器）和 Rule 来触发调用 Action。在 OpenWhisk 中，Trigger 可被看做事件的管道，这个管道的一端是事件源，另一端是函数 Action。

通过命令 wsk trigger 可以创建一个 Trigger 对象。

```
$ wsk trigger create peopleShowUp
ok: created trigger peopleShowUp
```

Trigger 是可以被触发（fire）的。在触发 Trigger 时可以附上相应的参数作为附加信息。因为当前 Trigger 没有关联任何 Action，所以该 Trigger 触发后没有执行任何 Action。

```
$ wsk trigger fire peopleShowUp -p name nico
ok: triggered /_/peopleShowUp with id
```

除了通过命令手动触发 Trigger 外，Trigger 还可以在特定的 Feed 收到事件时被触发。下面的例子是创建一个 Trigger，并指定其受 Feed /whisk.system/alarms/alarm 的事件触发。参数 '*/1 * * * *' 是传递给 Feed 的输入参数，指定了 Feed 所定义的事件源每分钟触发一次该 Trigger。

```
wsk trigger create everyOneMinutes --feed /whisk.system/alarms/alarm -p cron '*/1
    * * * *'
```

 /whisk.system/alarms/alarm 是 OpenWhisk 项目的一个额外 Package，其安装及使用方法请参考其 GitHub 项目主页：https://github.com/apache/incubator-openwhisk-package-alarms。

7.3.6　Rule

Rule 是描述 Trigger 与 Action 对应关系的对象。用户可以在规则中定义简单的逻辑条件。只有当条件满足时，Trigger 才会触发对应的 Action。

通过命令 wsk rule create 创建一个 Rule，三个参数依次是规则名称、Trigger 名称及 Action 名称。下面的例子将 Trigger peopleShowUp 与 Action hello 进行了关联。值得指出的是，在一个 Rule 中，Trigger 和 Action 的关系是一对一的。如果要将一个 Trigger 和多个 Action 关联，则需要创建多个 Rule 对象。

```
$ wsk rule create checkCheck peopleShowUp hello
```

Rule 对象创建后，通过命令 wsk rule list 可以在列表中看到新建的规则。

```
$ wsk rule list
rules
/guest/checkCheck                                        private              active
```

触发 Trigger peopleShowUp，传递一个参数 name，其值为 nico。Trigger 被成功触发后返回一个 Activation 的 id。

```
$ wsk trigger fire peopleShowUp -p name nico
ok: triggered /_/peopleShowUp with id ce3adb8f016c43f2badb8f016cf3f270
```

通过该 Activation 的 id 可以查看 Trigger 此次执行的结果。通过示例输出可以看到，Trigger peopleShowUp 成功触发执行了 Action hello。在调用日志中可以看到 Action 执行相关的 Activation 的 id，通过该 id 可以查看被触发的此次执行的详细内容。

```
$ wsk activation logs ce3adb8f016c43f2badb8f016cf3f270
{"statusCode":0,"success":true,"activationId":"71c2524d01704cbd82524d01706cbdb2",
    "rule":"guest/checkCheck","action":"guest/hello"}
```

通过 Action 的 Activation 输出可以看到，Trigger 参数被传递给了 Action。最终函数执行后返回了字符串"Hello, nico!"。

```
$ wsk activation result 71c2524d01704cbd82524d01706cbdb2
{
    "payload": "Hello, nico!"
}
```

7.4　系统架构

前文介绍了 OpenWhisk 系统逻辑上的组成。通过 Namespace、Package、Feed、Trigger、Rule 以及 Action 等对象，用户可以实现事件驱动的函数式 Serverless 应用。OpenWhisk 之所以能实现 FaaS 平台的功能是因为其基于容器的系统架构。

如图 7-4 所示，OpenWhisk 的整个架构中包含如下几个核心组件。

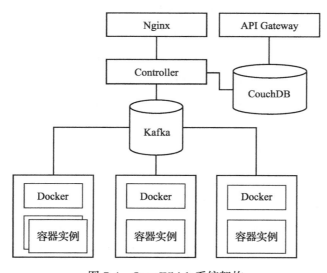

图 7-4　OpenWhisk 系统架构

1. 反向代理

在整个 OpenWhisk 前端部署了一个 Nginx 服务器作为集群的反向代理。Nginx 是一个开源的高性能 HTTP 服务器。所有访问 OpenWhisk 的 RESTful HTTP 请求都将经过 Nginx 的处理后才发送给后端 Controller 组件。

2. Controller

Controller 是 OpenWhisk 的逻辑核心。用户使用命令行工具 wsk 执行的命令最终都会通过 Controller 进行分析和处理。Controller 是由 Scala 语言编写的应用，其从设计之初就支持分布式高可用部署。

3. 数据库

OpenWhisk 使用 CouchDB 数据库作为后端数据源。CouchDB（http://couchdb.apache.org/）是 Apache 基金会旗下的开源 NoSQL 数据库。CouchDB 是一个文档型数据库，数据在其内部以 JSON 格式进行存储。CouchDB 存储了 OpenWhisk 中绝大部分信息，如用户信息、Package、Trigger、Rule 及 Action 等资源对象。函数每一次的执行结果也都被保存在 CouchDB 数据库中。Controller 接受指令后对各种资源对象的操作，最终都会转变为对 CouchDB 数据库的数据进行增删查改等操作。CouchDB 默认支持分布式高可用部署，这是 OpenWhisk 高可用性的重要基础。

4. Kafka

当用户调用一个函数时，请求会被发送到 Controller 进行处理。在确认请求合法有效后，Controller 会把函数调用的请求发送给具体的某个 Invoker 组件来执行。为了解决高并发场景的性能问题，Controller 并不是直接调用后端的 Invoker，而是把请求发送到消息队列 Kafka 中。Kafka（https://kafka.apache.org/）是一款高性能的分布式消息队列，其特点是在海量数据的场景下仍然能保持优秀的性能。Kafka 的消息模式基于话题（Topic）订阅的 Pub/Sub 模式。当 Controller 将消息发送给 Kafka 后，所有订阅了该 Topic 的 Invoker 都会收到这个消息，然后根据消息执行相应的动作。

5. Invoker

Invoker 是负责函数调用的组件。Invoker 负责管理 OpenWhisk 集群节点的容器引擎，根据 Controller 发送的指令启动和管理容器实例，执行函数代码。此外，Invoker 的另一个重要职责是负责管理和维护"warm container"，即预热的容器。所谓预热的容器，即在空闲时预先启动等待注入代码执行的容器实例，这是为了尽可能减少函数冷启动（Cold Start）的一个措施。

OpenWhisk 支持部署在不同的基础设施上。Invoker 支持两种不同的服务接口实现。管理容器的服务接口在 OpenWhisk 中称为 ContainerFactoryProviderSPI。目前两种容器的管理接口分别是 DockerContainerFactory 和 KubernetesContainerFactory。DockerContainerFactory 主要用于非 Kubernetes 环境。在这种模式下，Invoker 将运行在所有集群主机上，直接操纵主机上的容器引擎，这种模式的优点是执行效率高。KubernetesContainerFactory 用于 Kubernetes 环境，Invoker 通过 Kubernetes 平台的能力管理容器实例，这种模式的优点是充分利用了 Kubernetes 的集群能力。

6. Docker

所有 OpenWhisk 的函数最终都将在 Docker 的容器环境中被执行。根据函数类型的不同，OpenWhisk 将实例化不同的函数运行时容器镜像，并将函数代码从 CouchDB 中取出，然后注入到容器实例中执行。

7. API Gateway

OpenWhisk 的 Action 可以通过 RESTful 的形式对外发布。OpenWhisk 的 API Gateway 是负责 Action 与外界通信的组件。从技术上而言，OpenWhisk 的 API Gateway 是基于 Nginx、Lua 脚本和 Redis 内存数据库实现的。

API Gateway 项目地址：https://github.com/apache/incubator-openwhisk-apigateway。

默认的 OpenWhisk Action 并不能被外界访问，对外以 RESTful API 形式发布的 Action 称为 Web Action。用户可以在创建 Action 时通过参数 --web true 指定该 Action 为 Web Action。对于已经存在的 Action，可以通过命令 wsk action update 将其转化成 Web Action。

```
$ wsk action update hello --web true
ok: updated action hello
```

Web Action 要被外部访问，必须设置一个 API 规则，需要在 OpenWhisk 中创建 API 对象。在下面的例子中，通过命令 wsk api create 创建了一个 API 对象，其中指定了调用 URL 的路径为 /hello，HTTP 动作为 GET，相关联的 Action 为 hello。命令执行后，OpenWhisk 将返回一个可被外部调用的 URL 地址。

```
$ wsk api create /hello get hello
ok: created API /hello GET for action /_/hello
http://172.17.0.1:9001/api/23bc46b1-71f6-4ed5-8c54-816aa4f8c502/hello
```

通过这个返回的 URL 地址就可以调用相应的 Web Action 了。

```
$ curl http://172.17.0.1:9001/api/23bc46b1-71f6-4ed5-8c54-816aa4f8c502/hello?name=
    Donald
{
    "payload": "Hello, Donald!"
}
```

7.5　Kubernetes 部署

OpenWhisk 一个非常大的优点就是其可以运行在绝大部分常见的基础架构上，如虚拟机、容器、公有云和私有云等。目前 Kubernetes 是容器编排的事实标准，因此 OpenWhisk 也很自然而然地支持部署和运行在 Kubernetes 上。

OpenWhisk 项目专门为 Kubernetes 的部署维护了一个 GitHub 仓库 openwhisk-deploy-kube（https://github.com/apache/incubator-openwhisk-deploy-kube）。OpenWhisk 在 Kubernetes 上运行所需的配置和文档均可以在这个仓库中获取。

OpenWhisk 在 Kubernetes 上的部署有几种途径，可以通过手工一个一个组件地安装，也可以通过 Kubernetes 的应用管理工具 Helm 进行快速部署。为了让读者对 OpenWhisk 的架构有更深入的了解，下面将首先介绍如何通过手工的方式将 OpenWhisk 部署在 Kubernetes 上。在这个过程中，读者也可以对 Kubernetes 的使用有更进一步的认识。

7.5.1　准备 Kubernetes 集群

OpenWhisk 集群需要 Kubernetes 1.6 以上的版本。读者可以通过 6.4 节所介绍的方法，通过 Vagrant 快速准备一个 Kubernetes 集群环境。

因为 OpenWhisk 包含众多组件，所以对内存的需求比较大。因此，需要适当地增加 Kubernetes 虚拟机的内存大小。编辑文件 Vagrantfile，在文件最底部增加如下内容，将虚拟机的内存大小调整为 3GB。

```
config.vm.provider "virtualbox" do |vb|
    vb.memory = "3072"
end
end
```

内存大小调整完毕后，启动 Kubernetes 虚拟机。

```
# vagrant up
```

7.5.2　集群基础设置

Kubernetes 的虚拟机启动完毕后，通过命令 vagrant ssh 连接到虚拟机进行操作。

```
# vagrant ssh
```

从 OpenWhisk 的 GitHub 仓库下载 OpenWhisk Kubernetes 以部署相关的配置文件。需要安装代码管理工具 Git。

```
# sudo apt-get update
```

```
# sudo apt-get install git -y
# git clone https://github.com/apache/incubator-openwhisk-deploy-kube/
```

1. 创建命名空间

创建 Kubernetes 的命名空间 openwhisk，所有和 OpenWhisk 相关的资源对象将在这个命名空间中创建。这便于后续对资源对象进行统一管理。

```
$ cd ~/incubator-openwhisk-deploy-kube/kubernetes/cluster-setup
$ kubectl apply -f namespace.yml
```

2. 创建 Service

为 OpenWhisk 各个组件创建对应的 Service 对象。借助 Kubernetes 的服务发现机制，这些组件的服务可以被其他相关的组件动态地发现。

```
$ kubectl apply -f services.yml
```

3. 创建系统配置

OpenWhisk 中的配置信息都统一通过 Kubernetes 中的配置管理对象 ConfigMap 进行管理。ConfigMap 对象的内容可以通过文件或者环境变量的形式被挂载到容器中。通过参数 --from-env-file 指定后才从文件 config.env 中读取配置信息。

```
$ kubectl -n openwhisk create cm whisk.config --from-env-file=config.env
```

创建 ConfigMap 对象 whisk.runtimes 保存系统 Action 函数运行环境的配置。文件 runtimes.json 中定义了各类编程语言运行时所使用的容器镜像等配置信息。

```
$ kubectl -n openwhisk create cm whisk.runtimes --from-file=runtimes=runtimes.json
```

创建 ConfigMap 对象 whisk.limits 保存系统的资源约束信息，如 Action 函数的最大并发数及每分钟的最大调用数等。

```
$ kubectl -n openwhisk create cm whisk.limits --from-env-file=limits.env
```

4. 创建秘钥

在 Kubernetes 中，敏感信息（如密码及秘钥文件等）可以通过 Secret 对象进行管理。Secret 对象和 ConfigMap 对象类似，也可以通过文件或环境变量的形式被挂载到容器中。OpenWhisk 组件所使用的密码信息通过 Kubernetes 的 Secret 对象保存和引用。

```
$ kubectl -n openwhisk create secret generic whisk.auth \
    --from-file=system=auth.whisk.system \
    --from-file=guest=auth.guest
```

5. 创建持久化

OpenWhisk 架构中的部分组件是有状态的应用，如 CouchDB 及 ZooKeeper。对于有持久化需求的容器，需要通过外挂持久化卷的方式满足。在 Kubernetes 中，通过持久化卷请求（Persistent Volume Claim，PVC）和持久化卷（Persistent Volume，PV）的方式为容器提供外挂的持久化存储。简单而言，PVC 对象描述了应用所需的存储规格，如大小和读写方式。PV 对象描述了具体存储的访问方式，如路径和服务器地址。Kubernetes 集群负责根据 PVC 的需求，为其匹配符合要求的 PV。容器启动时通过 PVC 找到对应的 PV，从而获取后端存储的访问信息，并对存储进行挂载。PVC 和 PV 的这种供需模型使得用户在无须了解底层存储资源实际实现的情况下快速地获取所需的存储资源。

为了简化，在本书的实验环境中使用 Kubernetes 虚拟机上的文件目录作为持久化卷的存储后端。在实际环境中，读者可以使用如 GlusterFS 及 Cepth 等分布式存储或者 OpenStack Cinder、AWS EBS 等云存储。关于 Kubernetes 持久化的更详细介绍，读者可以参考 Kubernetes 官方文档的相关章节。

在虚拟机上创建需要的数据目录。

```
$ sudo mkdir -p /data/pv-apigateway-01 \
    /data/pv-couchdb-01 \
    /data/pv-kafka-01 \
    /data/pv-zookeeper-01 \
    /data/pv-zookeeper-01
```

创建持久化卷请求 PVC 及持久化卷 PV 对象。

```
$ kubectl apply -f persistent-volumes.yml
```

创建完毕后，可以在 Kubernetes 中查看相关的 PV 对象。从下面的示例输出中可以看到 PV 的状态均为 Bound，说明其已经和 PVC 匹配上了。

```
$ kubectl -n openshift get pv
NAME                      CAPACITY   ACCESS MODES    RECLAIM POLICY   STATUS
    CLAIM                            STORAGECLASS    REASON    AGE
pv-apigateway-01          1Gi        RWO             Retain                    Bound
    openwhisk/pv-apigateway-01                                 15h
pv-couchdb-01             2Gi        RWO             Retain                    Bound
    openwhisk/pv-couchdb-01                                    15h
pv-kafka-01               2Gi        RWO             Retain                    Bound
    openwhisk/pv-kafka-01                                      15h
pv-zookeeper-data-01      1Gi        RWO             Retain                    Bound
    openwhisk/pv-zookeeper-data-01                             15h
pv-zookeeper-datalog-01   1Gi        RWO             Retain                    Bound
    openwhisk/pv-zookeeper-datalog-01                          15h
```

7.5.3　创建访问入口

OpenWhisk 的组件以容器的形式运行在 Kubernetes 集群上，每个容器组件都会获得一个独立的 IP 地址。但是该 IP 地址只是集群内部的 IP 地址，对于集群外的其他主机而言并不是真实可达的 IP 地址。对于一些需要对外发布的服务，为了让外部可以访问到容器内部的服务，需要通过一些手段对容器网络的流量进行转发。实现的方式有很多种，这里通过 Service NodePort 的方式实现。

在 Kubernetes 中，有一种 Service 类型称为 NodePort Service。NodePort Service 的特点就是 Kubernetes 集群将为这个 Service 分配一个高位的随机端口，并在所有的集群节点上开启这个端口。通过集群中任何一个节点的 IP 地址加上 Service 被分配到的端口就可以访问 Service 后端的容器应用。

如下所示，在 OpenWhisk 的默认部署配置中，将 Nginx 和 API Gateway 的 Service 类型设置成了 NodePort。从下面的示例输出可以看到，通过当前节点的 IP 地址加上端口 31435 就可以访问 Nginx 服务的 80 端口。

```
$ kubectl get svc -n openwhisk|grep NodePort
apigateway    NodePort    10.0.0.133    <none>        8080:32083/TCP,9000:31794/TCP
    16h
nginx         NodePort    10.0.0.112    <none>        80:31435/TCP,443:30152/
    TCP,8443:31579/TCP    16h
```

获取 Nginx 服务和 API Gateway 服务的 NodePort 端口，创建 ConfigMap 对象 configmap 以保存 OpenWhisk 访问入口的信息。

```
#获取Nginx服务的NodePort端口
$ export nginx_port=$( kubectl -n openwhisk describe service nginx | grep https-
    api | grep NodePort| awk '{print $3}' | cut -d'/' -f1)

#获取API Gateway服务的NodePort端口
$ export api_port=$( kubectl -n openwhisk describe service apigateway | grep mgmt
    | grep NodePort| awk '{print $3}' | cut -d'/' -f1)

#获取虚拟机的IP地址
$ export host_ip=$( ip a show  eth0|grep global|cut -d ' ' -f 6|cut -d '/' -f 1)

#创建ConfigMap对象
$ kubectl -n openwhisk create configmap whisk.ingress \
    --from-literal=api_host="$host_ip:$nginx_port" \
    --from-literal=apigw_url="http://$host_ip:$api_port"
```

7.5.4　部署组件

下面将部署 OpenWhisk 所依赖的系统架构组件，包括 CouchDB、API 网关、ZooKeeper、

Kafka、Controller、Invoker 以及 Nginx 反向代理。

1. 部署 CouchDB

部署 OpenWhisk 存储系统对象所用的数据库 CouchDB。

```
$ cd ~/incubator-openwhisk-deploy-kube/kubernetes/couchdb/
```

创建 Secret 对象 db.auth 保存数据库的默认用户名和密码。

```
$ kubectl -n openwhisk create secret generic db.auth \
    --from-literal=db_username=whisk_admin \
    --from-literal=db_password=some_passw0rd
```

创建 ConfigMap 对象 db.config 保存 CouchDB 的配置信息。

```
$ kubectl -n openwhisk create configmap db.config \
    --from-literal=db_protocol=http \
    --from-literal=db_provider=CouchDB \
    --from-literal=db_host=couchdb.openwhisk.svc.cluster.local \
    --from-literal=db_port=5984 \
    --from-literal=db_whisk_activations=test_activations \
    --from-literal=db_whisk_actions=test_whisks \
    --from-literal=db_whisk_auths=test_subjects \
    --from-literal=db_prefix=test_
```

部署 CouchDB 数据库容器。

```
$ kubectl apply -f couchdb.yml
```

部署后，确认容器是否已经成功启动。

```
$ kubectl get pod -n openwhisk -lname=couchdb
NAME                       READY    STATUS      RESTARTS    AGE
couchdb-846967fdb8-5vrk8   1/1      Running     0           5m
```

CouchDB 的启动和初始化需要一些时间。当前文的示例输出的 READY 列的值变成 1/1 后，表示数据库已经就绪。数据库就绪后通过 kubectl logs 查看容器的日志可以看到如下输出，这表示 CouchDB 数据库已经就绪。

```
$ kubectl logs couchdb-745d4fb4c8-cwvqj -n openwhisk|grep success
successfully setup and configured CouchDB for OpenWhisk
+ echo 'successfully setup and configured CouchDB for OpenWhisk'
```

2. 部署 API 网关

部署 OpenWhisk 的 API 网关组件。

```
$ cd ~/incubator-openwhisk-deploy-kube/kubernetes/apigateway/
$ kubectl apply -f apigateway.yml
```

3. 部署 ZooKeeper

部署 Kafka 集群所需的 ZooKeeper。

```
$ cd ~/incubator-openwhisk-deploy-kube/kubernetes/zookeeper/
$ kubectl apply -f zookeeper.yml
```

4. 部署 Kafka

ZooKeeper 容器成功运行后，方可以进行 Kafka 容器的部署。

```
$ cd ~/incubator-openwhisk-deploy-kube/kubernetes/kafka/
$ kubectl apply -f kafka.yml
```

在本书的实验环境中，为了让容器正常提供 Kafka 服务，需要对 Docker 的网桥 cbr0 开启混杂模式。

```
$ sudo ip link set cbr0 promisc on
```

5. 部署 Controller

创建 ConfigMap 对象 controller.config 保存 Controller 的配置。

```
$ cd ~/incubator-openwhisk-deploy-kube/kubernetes/controller/
$ kubectl -n openwhisk create cm controller.config \
    --from-env-file=controller.env
```

部署 Controller 组件。OpenWhisk 的 Controller 组件支持高可用，部署时以 Kubernetes 的 StatefulSet 的方式部署。为了更好地支持有状态的应用，Kubernetes 提供了 StatefulSet 对象。通过 StatefulSet 对象部署的 Pod，可以有相对恒定的主机名。通过 Deployment 部署的 Pod 名称是随机生成的。

```
$ kubectl apply -f controller.yml
$ kubectl get statefulset -n openwhisk
NAME          DESIRED    CURRENT    AGE
controller    1          1          15h
```

6. 部署 Invoker

和 Controller 类似，Invoker 是以 StatefulSet 方式部署的。Invoker 的部署配置中定义了调度策略，Invoker 组件的容器实例必须运行在带有标签 role=invoker 的节点上。对于一个运行着上百个 Kubernetes 节点的用户，其可以为拥有执行函数实例的节点打上相应的标签。本书的实验环境中只有一个节点，因此可以直接为所有节点打上相应的标签。

```
$ kubectl label nodes --all openwhisk-role=invoker
```

创建 ConfigMap 对象 invoker.config 以保存 Invoker 组件的配置。

```
$ cd ~/incubator-openwhisk-deploy-kube/kubernetes/invoker/
$ kubectl -n openwhisk create cm invoker.config \
      --from-env-file=invoker-k8scf.env
```

Invoker Agent 是 Invoker 的一个辅助组件，其运行在 Kubernetes 的节点上进行容器的操作。Invoker Agent 将以 DaemonSet 的方式运行。DaemonSet 是在 Kubernetes 节点上启动服务的一种方式。通过 DaemonSet，用户所定义的容器将运行在每一个 Kubernetes 节点上。当然，用户也可以用标签选择器选择只运行在某些特定的节点上。

Invoker Agent 需要特殊权限，因此，需要修改 Kubernetes 集群的安全策略配置，并重启 Kubernetes 集群的服务使配置修改生效。

```
$ sudo sed -i '/Exec/a --allow-privileged=true \\' /etc/systemd/system/kube-
  apiserver.service
$ sudo sed -i '/Exec/a --allow-privileged=true \\' /etc/systemd/system/kubelet.
service
$ sudo systemctl daemon-reload
$ sudo systemctl restart kube-apiserver.service
$ sudo systemctl restart kubelet.service
```

Kubernetes 集群配置修改完毕后，部署 Invoker Agent。

```
$ kubectl apply -f invoker-agent.yml
```

Invoker Agent 部署完毕后，接着部署 Invoker 组件的 StatefulSet 对象。为了最大程度地使用 Kubernetes 的特性，这里部署的是专门为 Kubernetes 设计的 KubernetesContainerFactory 模式。

```
$ kubectl apply -f invoker-k8scf.yml
```

7. 部署 Nginx

部署 OpenWhisk 集群入口使用的 Nginx HTTP 服务器。

```
$ cd ~/incubator-openwhisk-deploy-kube/kubernetes/nginx/
```

生成测试用的自签名证书。实际上线部署时可以使用正式有效的证书。

```
$ ./certs.sh localhost
```

创建 Secret 对象 nginx 以保存上面生成的证书和秘钥文件。

```
$ kubectl -n openwhisk create secret tls nginx \
      --cert=certs/cert.pem \
      --key=certs/key.pem
```

创建 ConfigMap 对象 nginx 以保存 Nginx 的配置文件。

```
$ kubectl -n openwhisk create configmap nginx --from-file=nginx.conf
```

部署 Nginx 容器。

```
$ kubectl apply -f nginx.yml
```

7.5.5　加载系统配置

通过以上步骤，OpenWhisk 集群可成功运行。为了让集群可用，需要导入系统默认的 Package。导入的过程通过 Kubernetes 的批任务执行。Kubernetes 的批任务通过 Job 对象定义。Kubernetes 根据 Job 的定义将启动对应的容器执行批任务。

创建 Kubernetes 批任务 install-routemgmt 以及 install-catalog。

```
$ cd ~/incubator-openwhisk-deploy-kube/kubernetes/
$ kubectl apply -f routemgmt/install-routemgmt.yml
$ kubectl apply -f openwhisk-catalog/install-catalog.yml
```

注意观察相关容器的日志输出，确认两个批任务都成功执行。如果任务执行出错，可以删除相关的 Job 对象，重新创建并运行任务。

```
$ kubectl -n openwhisk get job
NAME                 DESIRED     SUCCESSFUL     AGE
install-catalog      1           1              4m
install-routemgmt    1           1              12m
```

7.5.6　测试集群

通过上面的步骤，一个 OpenWhisk 集群已经成功运行于 Kubernetes 平台上。查看容器实例的状态，可以看到 OpenWhisk 各个容器实例的状态均为 Running。批任务 install-routemgmt 以及 install-catalog 相关的容器的状态为 Completed，表示批任务执行成功。

```
$ kubectl get pod -n openwhisk
NAME                        READY     STATUS        RESTARTS     AGE
apigateway-c5d64dfd5-wj445  2/2       Running       2            15h
controller-0                1/1       Running       0            3h
couchdb-745d4fb4c8-cwvqj    1/1       Running       1            15h
install-catalog-vnxpp       0/1       Completed     0            2h
install-routemgmt-767zr     0/1       Completed     0            2h
invoker-0                   1/1       Running       1            14h
invoker-agent-6pdgs         1/1       Running       0            43m
kafka-d6644db9f-7b8mj       1/1       Running       2            15h
nginx-79964ccd5-jwx7g       1/1       Running       0            3h
zookeeper-687f758554-zzj2j  1/1       Running       1            15h
```

为了使用搭建好的 OpenWhisk 集群，需要使用 OpenWhisk 的命令行工具 wsk。从 OpenWhisk 的 GitHub 仓库下载 OpenWhisk 命令行客户端，将其解压并移动到系统的命令搜索路径，如目录 /usr/local/bin。

```
$ curl -L https://github.com/apache/incubator-openwhisk-cli/releases/download/
    latest/OpenWhisk_CLI-latest-linux-amd64.tgz|tar zvx
$ sudo mv wsk /usr/local/bin/
```

设置命令 wsk 指向刚搭建好的 OpenWhisk 集群。参数 --apihost 指定了连接的 OpenWhisk 服务的 URL 地址。这里通过 Kubernetes 的节点 IP 加上 Nginx Service 的 NodePort 端口访问 OpenWhisk 集群服务。参数 --auth 指定了用户的令牌（Token），可以通过 OpenWhisk 项目 提供的 kubernetes/cluster-setup 目录下的配置文件 auth.guest 获取该令牌。

```
$ wsk property set --apihost $host_ip:$nginx_port
$ wsk property set --auth $(cat ~/incubator-openwhisk-deploy-kube/kubernetes/
    cluster-setup/auth.guest)
```

设置完毕后，检查是否可以查看到集群的 Package 信息。

```
vagrant@contrib-stretch:~$ wsk -i  package list /whisk.system
packages
/whisk.system/watson-textToSpeech                              shared
/whisk.system/combinators                                      shared
/whisk.system/github                                           shared
/whisk.system/watson-translator                                shared
/whisk.system/watson-speechToText                              shared
/whisk.system/utils                                            shared
/whisk.system/websocket                                        shared
/whisk.system/weather                                          shared
/whisk.system/slack                                            shared
/whisk.system/samples                                          shared
```

测试通过命令行调用系统函数 echo。通过示例输出可以看到函数调用成功，说明集群 运行正常。由于这个环境的证书是自签名的，因此需要使用参数 -i 跳过证书的有效性检查。

```
$ wsk -i action invoke /whisk.system/utils/echo -p message 'openwhisk loves
    kubernetes' -r
{
    "message": "openwhisk loves kubernetes"
}
```

7.5.7 删除集群

当不再需要 OpenWhisk 集群时，可以将其从 Kubernetes 集群上删除。通过删除命名空 间 openwhisk，可以将该命名空间中的 Service、Pod、ConfigMap、Secret、StatefulSet 以及 DaemonSet 等资源一并删除。

```
$ kubectl delete namespace openwhisk
```

当不再需要 OpenWhisk 所持久化的数据时，可一并删除 OpenWhisk 相关的持久化卷 PV。

```
$ kubectl delete pv <PV名>
```

7.6　Helm 部署

前一小节通过手工的方式逐步将 OpenWhisk 部署到了 Kubernetes 集群上。通过一个个组件的部署可以看到，OpenWhisk 如何使用 Kubernetes 这一容器编排平台提供的种种特性来构建一个可伸缩的容器化 Serverless FaaS 平台。

Kubernetes 提供了各种资源对象，如 Deployment、ReplicaSet、DaemonSet、StatefulSet、Service、ConfigMap、Secret、Persistent Volume 以及 Persistent Volume Claim 等。如上一小节所见，一个完整的应用往往包含多个组件，每个组件都会用到 Kubernetes 上不同的资源对象。由于架构的复杂性，在部署的过程中可能涉及许多步骤。

Helm（https://github.com/kubernetes/helm）项目的目的就是为了简化 Kubernetes 上容器应用的部署和管理。通过 Helm，用户可以使用简单的命令部署一个包含多个组件的复杂应用。逐个组件地部署 OpenWhisk 有利于理解 OpenWhisk 的架构组成，但是花费的时间较多，部署的效率较低。通过 Helm 则可以进行快速的部署。

7.6.1　安装 Helm

从 Helm 的 GitHub 仓库（https://github.com/kubernetes/helm/releases）下载 Helm 的二进制文件，解压后执行二进制文件 helm 初始化 Kubernetes 集群。Helm 会在 Kubernetes 的命名空间 kube-system 中启动一个名为 Tiller 的容器。Tiller 负责接收 Helm 的命令，对 Kubernetes 集群进行操作。默认的 Tiller 镜像在谷歌的镜像仓库内，在国内无法访问，因此通过参数 --tiller-image 指定使用 Docker Hub 上的替代镜像。

```
$ ./helm init --tiller-image docker.io/nicosoft/tiller:v2.8.2
```

Helm 部署应用需要具备集群管理员的权限，因此需要为 Tiller 创建一个 Kubernetes 集群的权限角色。

```
$ kubectl create clusterrolebinding tiller-cluster-admin \
    --clusterrole=cluster-admin \
    --serviceaccount=kube-system:default
```

Helm 命令需要与 Tiller 容器进行通信，因此本地必须安装 socat 进行端口转发。在本书演示所使用的 Vagrant Box 中，可以执行以下的命令安装 socat。

```
$ sudo apt-get install socat
```

7.6.2　环境配置

在实验环境中，配置 Docker 网桥开启混杂模式。

```
$ link set cbr0 promisc on
```

为 Kubernetes 节点打上 Invoker 的 DaemonSet 部署所需的标签。

```
$ kubectl label nodes --all openwhisk-role=invoker
```

7.6.3 部署 Chart

Helm 的应用部署定义称为 Chart。Chart 中定义了应用部署所需要的全部配置定义。

Helm 的应用部署比较简单。进入 OpenWhisk 项目的 Helm Chart 目录，执行命令 helm install 即可进行部署。参数 --namespace 指定了部署的目标命令空间为 openwhisk-helm。参数 --name 指定了此次部署的应用实例名称为 openwhisk。后续可以通过这个名称对该次部署进行跟踪管理。

```
$ cd ~/incubator-openwhisk-deploy-kube/helm
$ helm install . --namespace=openwhisk-helm --name=openwhisk
```

7.6.4 管理应用

除了可以部署应用外，Helm 还可以跟踪管理已经部署了的应用。通过命令 helm list 可以列出所有已经部署的应用状态。

```
$ helm list
NAME        REVISION        UPDATED                 STATUS
   CHART                    NAMESPACE
openwhisk 1                 Mon Apr 23 11:21:33 2018        DEPLOYED
   openwhisk-0.1.0          openwhisk-helm
```

当不再需要某个应用时，通过命令 helm delete 可以快速删除该应用所有的资源对象。

```
$ helm delete openwhisk
```

7.7 蛋糕管理服务

我们将通过一个简单的例子来介绍如何通过 OpenWhisk 开发一个简单的 Serverless 架构的 API 应用。

图 7-5 展示了一个蛋糕管理服务的架构。没错，这是一个管理蛋糕的服务。该应用提供了 4 个 RESTful API，让用户对其蛋糕进行管理。这个蛋糕管理服务有如下技术特点：

❑ 共有 4 个动作，新增、更新、删除以及查询蛋糕。

❑ 4 个动作通过 RESTful API 对外发布。

❑ 所有蛋糕的信息都将保存在后端 MySQL 数据库中。

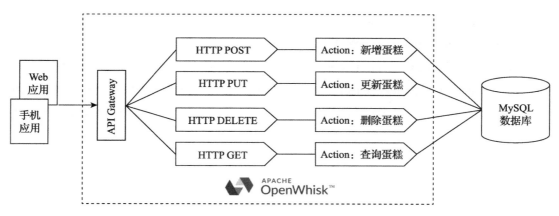

图 7-5　蛋糕管理服务应用架构示例

7.7.1　开发环境

请按照 7.2 节的描述，通过 Vagrant 准备一个 OpenWhisk 开发测试环境。OpenWhisk 支持多种编程语言，这里我们将使用 Node.js 作为开发语言。

在本书演示所使用的 Vagrant Box 中安装 Node.js 及 Node.js 的包管理系统 NPM。通过 NPM 可以安装 Node.js 应用所需要的第三方依赖库。

```
$ sudo apt-get install nodejs npm
```

7.7.2　准备数据库

蛋糕应用的数据都存储在 MySQL 数据库中，因此应用开发环境中需要准备一个 MySQL 数据库。通过 Docker 可以快速创建所需的 MySQL 数据库服务。通过下面的命令启动 MySQL 服务。通过参数 MYSQL_USER、MYSQL_PASSWORD 及 MYSQL_DATABASE 指定数据库的用户名、密码，并创建一个默认数据库 cakes。

```
$ docker run -d --name mysql \
-p 3306:3306 \
-e MYSQL_USER=dev \
-e MYSQL_PASSWORD=serverless \
-e MYSQL_DATABASE=cakes \
mysql/mysql-server:5.7
```

7.7.3　定义 Action

为了方便读者参考，读者可以通过下面的 GitHub 仓库下载蛋糕应用的示例源代码：

```
https://github.com/nichochen/serverless-openwhisk-cake-mgmt.git。
```

在蛋糕服务的代码的 actions 目录中包含新增、删除、修改以及查询蛋糕的函数源代码。下面以 Action create-cake 为例进行介绍。

可以通过文件 package.json 定义 Node.js 应用的基本信息及依赖模块。下面的例子展示了 Action create-cake 的 package.json 文件。可以看到文件中记录了函数的名称及描述，声明了执行的入口文件为 index.js，同时也声明了该 Node.js 的代码需要依赖 MySQL 的模块 promise-mysql。

```
{
    "name": "create-cake-action",
    "description": "Create a cake",
    "version": "1.0.0",
    "main": "index.js",
    "dependencies": {
        "promise-mysql": "3.0.1"
    }
}
```

文件 index.js 中定义了具体的函数逻辑。如下面的代码所示，在 Action create-cake 的 index.js 文件中完成了数据库的连接及插入数据的逻辑定义。入口函数 myAction 将从输入参数中获取 MySQL 的连接信息以及蛋糕对象的数据。通过获取的连接信息连接 MySQL 数据库，并最终将数据插入表 cakes 中。

```
//定义函数
function myAction(params) {

    return new Promise(function(resolve, reject) {
        //连接MySQL
        console.log('Connecting to MySQL database');
        var mysql = require('promise-mysql');
        var connection;
        mysql.createConnection({
            host: params.MYSQL_HOSTNAME,
            user: params.MYSQL_USERNAME,
            password: params.MYSQL_PASSWORD,
            database: params.MYSQL_DATABASE
        }).then(function(conn) {
            //创建数据库
            connection = conn;
            console.log('Creating table if not exist');
            return connection.query('CREATE TABLE IF NOT EXISTS `cakes` (`id`
                INT AUTO_INCREMENT PRIMARY KEY, `name` VARCHAR(256) NOT NULL,
                `description` VARCHAR(256) NOT NULL)');
        }).then(function() {
            //插入数据
            console.log('Inserting data');
            var queryText = 'INSERT INTO cakes (name, description) VALUES(?, ?)';
```

```
                   var insert = connection.query(queryText, [params.name, params.description]);
                   connection.end();
                   return insert;
            }).then(function(insert) {
                //返回结果
                resolve({
                    statusCode: 201,
                    headers: {
                        'Content-Type': 'application/json'
                    },
                    body: {
                        id: insert.insertId
                    }
                });
            }).catch(function(error) {
                //异常处理
                if (connection && connection.end) connection.end();
                console.log(error);
                reject({
                    headers: {
                        'Content-Type': 'application/json'
                    },
                    statusCode: 500,
                    body: {
                        error: error
                    }
                });
            });
        });
    }
    //定义入口函数
    exports.main= myAction;
```

通过文件 package.json 以及 index.js 定义了 Action create-cake 之后，下一步就是要将其部署到 OpenWhisk 平台上。

7.7.4　创建 Package

Action 作为一种资源对象，在部署时必须要归属于某一个 Package。通过 Package 可以将相关的资源进行统一管理。Action create-cake 的源代码文件 index.js 中的函数 myAction 通过传入的参数获取数据库的连接。传入参数可以通过 Package 参数的形式在运行时传递给函数。Package 参数的传递机制，使得 OpenWhisk 的 Action 拥有更好的重用性。通过对 Package 参数的调整，使得同样的函数可以适配不同的环境。

为蛋糕管理服务创建一个 Package，并将 MySQL 的连接信息设置为 Package 参数。

```
$ wsk package create cake \
```

```
    --param "MYSQL_HOSTNAME" 172.17.0.1 \
    --param "MYSQL_USERNAME" dev \
    --param "MYSQL_PASSWORD" serverless \
    --param "MYSQL_DATABASE" cakes
```

Package 创建完毕后，可以查看 Package 的详细定义。

```
$ wsk package get cake
ok: got package cake
{
    "namespace": "guest",
    "name": "cake",
    "version": "0.0.1",
    "publish": false,
    "parameters": [
        {
            "key": "MYSQL_HOSTNAME",
            "value": "172.17.0.1"
        },
        {
            "key": "MYSQL_USERNAME",
            "value": "dev"
        },
        {
            "key": "MYSQL_PASSWORD",
            "value": "serverless"
        },
        {
            "key": "MYSQL_DATABASE",
            "value": "cakes"
        }
    ],
    "binding": {},
------内容省略------
```

7.7.5 部署 Action

OpenWhisk 为每一种支持的编程语言提供了基本的运行环境，但是该环境往往不包含第三方库和模块。Action create-cake 需要第三方的模块访问 MySQL 数据库，因此将这个函数部署到 OpenWhisk 时需要将依赖的第三方模块进行打包，并和源代码一起部署。

通过 Node.js 的包管理工具 NPM 下载所需的第三方模块。命令执行完毕后，在代码目录下可以看到目录 node_modules，其中包含所需模块的相关文件。

```
$ npm install
```

将函数源代码及第三方模块的文件一并打包成压缩包。压缩包 action.zip 中就包含了函数的源代码以及其所依赖的外部模块。

```
$ zip -rq action.zip *
```

通过命令 wsk create 创建 Action。指定 Action 名称为 cake/create-cake，其中包含其所在的 Package 的名称。参数 --kind 指定了函数的运行环境为 nodejs:6。参数 --web 指定了这是一个 Web Action。

```
$ wsk action create cake/create-cake \
    --kind nodejs:6 action.zip \
    --web true
```

Action 创建完毕后，通过命令行调用函数进行测试。从下面的示例输出中可以看到，成功调用后，函数返回了状态码 201 以及新建对象的 id。

```
$ wsk action invoke
    --param name "Birthday Cake"  \
    --param description "Chocolate Cake" \
    cake/create-cake \
    --result
{
    "body": {
        "id": 1
    },
    "headers": {
        "Content-Type": "application/json"
    },
    "statusCode": 201
}
```

检查 MySQL 数据库中的数据，可以看到前面调用所输入的数据已经被写入 MySQL 的表 cakes 中。

```
$ docker exec mysql  mysql -udev -pserverless \
      -e 'select * from cakes.cakes'
mysql: [Warning] Using a password on the command line interface can be insecure.
id name    description
1  Birthday Cake  Chocolate Cake
```

7.7.6　发布 API

函数功能实现后，下一步就是通过 OpenWhisk 的 API Gateway 将其发布成 RESTful API。通过命令 wsk api create 创建 API 对象。下面的例子指定了 API 的名称为 create cake，同时指定了访问路径和关联的 Action 为前文创建的 cake/create-cake。API 创建成功后，命令返回一个调用地址。

```
$ wsk api create -n 'create cake' /v1 /cake post cake/create-cake
ok: created API /v1/cake POST for action /_/cake/create-cake
```

```
http://172.17.0.1:9001/api/23bc46b1-71f6-4ed5-8c54-816aa4f8c502/v1/cake
```

根据 OpenWhisk 提供的 API 调用地址对 API 进行调用。

```
$ curl -X POST \
    -H  "Content-Type: application/json" \
    -d '{"name":"Party Cake","description":"With lot of butter"}' \
    http://172.17.0.1:9001/api/23bc46b1-71f6-4ed5-8c54-816aa4f8c502/v1/cake
```

API 调用成功后，返回 Action create-cake 的调用结果。

```
{
    "statusCode": 201,
    "headers": {
        "Content-Type": "application/json"
    },
    "body": {
        "id": 2
    }
}
```

前文以创建蛋糕的 Action 为例进行了介绍，读者可以根据前面介绍的方法部署更新蛋糕、删除蛋糕以及查询蛋糕的 Action。

7.8　本章小结

总体而言，OpenWhisk 是一个架构稳健的开源 Serverless FaaS 平台，其支持部署在私有云和公有云上，为用户提供了一个具有可移植性的 Serverless 平台解决方案。通过本章，你了解了 OpenWhisk 的系统架构，以及如何将其部署到 Kubernetes 容器平台上。

通过 Feed、Trigger、Rule 和 Action 等 OpenWhisk 对象，用户可以构建出架构灵活的事件驱动的函数应用。OpenWhisk 底层的容器架构使得函数应用可以在不同基础架构上进行快速的弹性扩展，而不需要用户干预。通过 OpenWhisk 平台，用户可以便捷地开发 Serverless 架构的应用。OpenWhisk 得到了 IBM、Adobe 及 Red Hat 等厂商和 Apache 基金会的支持。和目前其他私有云的 Serverless FaaS 平台相比较，OpenWhisk 的优势在于其拥有较大的用户社区和生态系统。

第 8 章 *Chapter 8*

Kubeless

本章将介绍开源的 Serverless 框架 Kubeless。Kubeless 是基于 Kubernetes 实现的一个 Serverless 框架，其增强了 Kubernetes 的能力，使 Kubernetes 成为一个 Serverless FaaS 平台。这种 Kubernetes 叠加 Serverless 框架实现 FaaS 的方式称为 FaaS-netes。

通过本章的内容，你将了解：

❑ Kubeless 的概念及系统架构。

❑ 如何将 Kubeless 部署到 Kubernetes 上。

8.1　Kubeless 项目

Kubeless（https://kubeless.io/）是一个基于 Kubernetes 的开源 Serverless FaaS 平台框架（见图 8-1）。之所以说 Kubeless 是一个平台框架，是因为 Kubeless 完全基于 Kubernetes 的功能实现的。Kubeless 项目的定位是增强 Kubernetes 的能力，使 Kubernetes 的应用场景可以延伸至 Serverless FaaS 领域。

图 8-1　开源 Serverless 框架 Kubeless

Kubeless 项目最初由一家名为 Bitnami 的公司开发和维护。Bitnami 在许多 Kubernetes 相关的社区活动中对 Kubeless 进行推广，让其受到了更多的关注。最终 Bitnami 将 Kubeless 作为一个独立的项目运作，在 GitHub 上建立了顶级的项目（https://github.com/kubeless）。目前 Kubeless 的代码仓库中包含 Kubeless FaaS 及其 Web 用户界面的代码。

8.1.1 系统架构

可以说 Kubeless 是 Kubernetes 的一个 Serverless FaaS 框架，它在 Kubernetes 平台的基础上，增加了 FaaS 平台所具有的特性。图 8-2 展示了 Kubeless 的系统架构，图中灰色的图形为 Kubeless 所提供的组件。

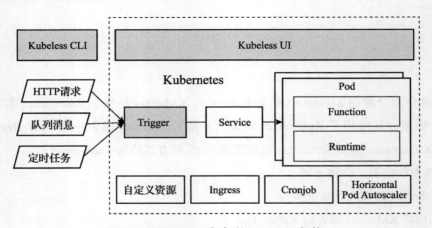

图 8-2　Serverless 框架的 Kubeless 架构

- Function 是用户定义的 Serverless 函数。
- Runtime 是函数运行所需要的运行环境。Runtime 以容器镜像的形式存在。
- Trigger 为函数触发条件的定义，其定义了函数触发的规则。
- Kubeless 提供了 Web 控制台 Kubeless UI 和命令行工具 kubeless 作为用户交互方式。

为了提供一个完整的 FaaS 平台，Kubeless 没有重造轮子，而是充分利用了 Kubernetes 平台的能力。

- Kubeless 通过 Kubernetes 的自定义资源定义（Custom Resource Definition，CRD）创建了其系统架构中所需的对象，这样使得 Kubeless 可以重用 Kubernetes 的 API 规范以及 API Server。
- Kubeless 通过 Kubernetes 的 Horizontal Pod Autoscaler 对函数实例进行弹性扩展。
- 函数的调用入口通过 Kubernetes 的 Service 实现。

❑ 通过 Kubernetes 的 Ingress 实现函数的 HTTP Trigger。

❑ 通过 Kubernetes 的 Cronjob 实现定时触发函数的 Cronjob Trigger。

8.1.2　运行时

截至本书完稿之时，Kubeless 默认支持的编程语言如表 8-1 所示。所有的编程语言运行时都以 Docker 容器镜像的方式定义，用户可以通过定制容器镜像的方式开发自定义的运行时以支持其他的编程语言。

表 8-1　Kubeless 支持的编程语言与版本

编 程 语 言	版　　本	编 程 语 言	版　　本
Python	2.7、3.4、3.6	PHP	7.2
NodeJS	6、8	Go	1.10
Ruby	2.4		

8.2　Kubeless 概述

深入了解 Kubeless 之前，让我们先对 Kubeless 有一个大致的认识。Kubeless 是为 Kubernetes 设计的框架，因此 Kubeless 的运行需要 Kubernetes 环境。读者可以通过 6.4 节所描述的方法使用 Vagrant 启动一个 Kubernetes 的虚拟机环境。

```
# vagrant init flixtech/kubernetes --box-version 1.10
# vagrant up
```

Kubernetes 虚拟机启动后，通过命令 vagrant ssh 登录 Kubernetes 环境。

```
$ vagrant ssh
```

创建一个 Namespace 用来容纳 Kubeless 的组件。

```
$ kubectl create ns kubeless
```

8.2.1　部署 Kubeless

相对于前面章节介绍过的 OpenWhisk 而言，Kubeless 的部署相对简单。安装所需要的所有内容都定义在一个 YAML 文件中。本书示例所使用的是当前最新版本。通过命令 kubectl create 直接创建 YAML 文件定义的 Kubernetes 资源对象。读者可以访问 Kubeless 项目的 GitHub 仓库发布页面（https://github.com/kubeless/kubeless/releases），部署最新版本的 Kubeless，这里以版本 v1.0.0-alpha.1 为例。

```
$ kubectl create -f https://github.com/kubeless/kubeless/releases/download/$RELEASE/
    kubeless-non-rbac-v1.0.0-alpha.1.yaml
```

Kubeless 的部署将在 Kubernetes 集群中创建一个 Kubeless Controller Manager 容器。Kubeless Controller Manager 是 Kubeless 的控制中枢。

```
$ kubectl get pods -n kubeless
NAME                                           READY   STATUS    RESTARTS   AGE
kubeless-controller-manager-6f59c58ffd-jfgnx   1/1     Running   0          1m
```

Kubeless 借助 Kubernetes 自定义资源定义（CRD）的特性，创建了下面几个资源对象。自定义资源是 Kubernetes 重要的扩展手段，这一功能让 Kubernetes 的用户可以定义满足特定需求的 Kubernetes API 资源对象。用户可以通过 Kubernetes 的标准 API 来访问和操作这些对象。

```
$ kubectl get customresourcedefinition
NAME                          AGE
cronjobtriggers.kubeless.io   2m
functions.kubeless.io         2m
httptriggers.kubeless.io      2m
```

例如，Kubeless 定义了 functions.kubeless.io 这个自定义资源，用户通过 Kubernetes 默认的命令行工具 kubectl 就可以直接操作 Kubeless 的 Function 对象。

```
$ kubectl get functions
$ kubectl describe functions
```

8.2.2　配置客户端

Kubeless 提供了一个名为 kubeless 的命令行客户端工具。通过命令 kubeless，用户可以在 Kubeless 上进行函数应用的发布和管理。kubeless 命令行工具支持主流的桌面操作系统 Windows、Linux 及 macOS。

用户可以通过 Kubeless 项目的 GitHub 仓库下载 Kubeless 的命令行工具。

```
$ wget https://github.com/kubeless/kubeless/releases/download/v1.0.0-alpha.1/
    kubeless_linux-amd64.zip
```

下载后解压缩，并将 kubeless 命令的二进制文件复制到系统的可执行文件搜索路径中。

```
$ apt-get install unzip
$ sudo apt-get install unzip
$ unzip kubeless_linux-amd64.zip
$ sudo mv bundles/kubeless_linux-amd64/kubeless  /usr/local/bin
```

kubeless 命令默认通过读取 kubectl 命令的用户配置文件 < 用户主目录 >/.kube/config

获取对 Kubernetes 集群的操作权限。在本书示例所用的 Kubernetes 环境中，可以直接复制现有的文件。

```
$ cp /etc/kubeconfig.yml ~/.kube/config
```

8.2.3　部署函数

Kubeless 的服务端和客户端都配置完毕后，接下来可以尝试部署函数应用。创建一个简单的 Python 代码文件 test.py。如下面的示例代码所示，文件 test.py 中定义了一个简单的函数 foobar，该函数将原封不动地返回用户的输入。

```
def foobar(event, context):
    print event
    return event['data']
```

通过命令 kubeless function deploy 创建一个 Kubeless 函数。参数 --runtime 指定了运行环境为 python2.7。参数 --form-file 指定了函数的源代码文件为 test.py。参数 --handler 指定了运行时的入口函数为 test.foobar。

```
$ kubeless function deploy get-python \
    --runtime python2.7 \
    --from-file test.py \
    --handler test.foobar
INFO[0000] Deploying function...
INFO[0000] Function get-python submitted for deployment
INFO[0000] Check the deployment status executing 'kubeless function ls get-python'
```

通过命令 kubeless function ls 可以查看刚才创建的函数信息。

```
$ kubeless function ls
NAME            NAMESPACE      HANDLER         RUNTIME       DEPENDENCIES      STATUS
get-python      default        test.foobar     python2.7                       0/1 NOT READY
```

由于 Kubeless 使用 Kubernetes 的自定义资源定义了函数对象，因此通过 Kubernetes 原生的命令 kubectl 也可以查看 Kubeless 函数对象的信息。

```
$ kubectl get functions
NAME            AGE
get-python      1h
```

通过命令 kubeless function call 调用函数，可以看到函数返回输入的信息 {"echo": "echo echo"}。

```
$ kubeless function call get-python --data '{"echo": "echo echo"}'
{"echo": "echo echo"}
```

8.2.4　Kubeless UI

Kubeless 的子项目 kubeless-ui（https://github.com/kubeless/kubeless-ui）为 Kubeless 提供了一个图形界面的控制台。

通过 kubeless-ui 项目提供的部署文件可以将 Kubeless UI 控制台部署到 Kubeless 集群上。

```
$ kubectl create -f https://raw.githubusercontent.com/kubeless/kubeless-ui/
    master/k8s.yaml
```

Kubeless UI 的部署创建了一个 NodePort 的 Service。通过访问节点的 IP 加上 NodePort 的端口就可以从 Kubernetes 集群外的主机访问这个控制台（如图 8-3 所示）。

```
$ kubectl get svc -n kubeless
NAME       TYPE       CLUSTER-IP     EXTERNAL-IP    PORT(S)         AGE
ui         NodePort   10.0.0.142     <none>         3000:32761/TCP  1m
```

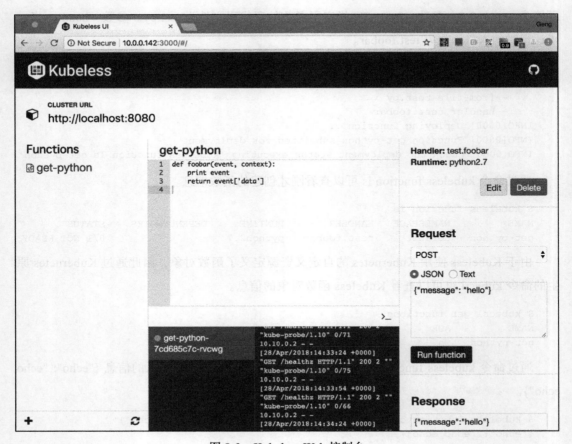

图 8-3　Kubeless Web 控制台

提示　一般而言，Kubernetes 的 Pod 及 Service 的 IP 地址为虚拟 IP 地址。Kubernetes 集群之外的主机并不能直接访问这些集群内的虚拟地址。用户必须通过 NodePort 或者 Ingress 等方式让 Kubernetes 集群内的服务能被集群外部的主机访问。本例所用的 Vagrant Box 的网络经过配置，通过添加路由，使宿主机可以直接访问 Pod 和 Service 的网络。

用户需要在宿主机上手动添加路由，命令如下：

macOS：sudo route -n add 10.0.0.0/24 10.10.0.2

Linux：sudo ip route add 10.0.0.0/24 via 10.10.0.2

Windows：route add 10.0.0.0 mask 255.255.255.0 10.10.0.2

通过配置后，在宿主机上通过 Service 的 IP 及端口（如笔者的机器上使用 10.0.0.142:3000）就可以直接访问 Kubeless UI 服务。关于 Flix Kubernetes Vagrant Box 的更详细信息可以访问其 GitHub 主页（https://github.com/flix-tech/vagrant-kubernetes）及其 Vagrant 页面（https://app.vagrantup.com/flixtech/boxes/kubernetes）。

8.3　Function

Function 对象在 Kubeless 中代表一个可被执行的函数。Kubeless 通过 Kubernetes 的自定义资源定义了一个资源对象 Function，因此用户可以使用标准的 Kubernetes API 以及命令行工具 kubectl 对 Function 对象进行操作。

```
$ kubectl describe functions
Name:           get-python
Namespace:      default
Labels:         created-by=kubeless
                function=get-python
Annotations:    <none>
API Version:    kubeless.io/v1beta1
Kind:           Function
Metadata:
    Cluster Name:
    Creation Timestamp:  2018-04-28T14:15:02Z
    Finalizers:
        kubeless.io/function
    Generation:          1
    Resource Version:    3069
    Self Link:           /apis/kubeless.io/v1beta1/namespaces/default/functions/
        get-python
    UID:                 8adca18f-4aee-11e8-96ff-0800278dc04d
------内容省略------
```

通过 Kubeless 提供的命令行工具 kubeless，用户可以对 Function 对象进行创建、查询和修改等管理操作。

```
$ kubeless function -h
------内容省略------

Available Commands:
    call       call function from cli                    //调用函数
    delete     delete a function from Kubeless           //删除函数
    deploy     deploy a function to Kubeless             //部署函数
    describe   describe a function deployed to Kubeless  //查看函数详情
    list       list all functions deployed to Kubeless   //列出函数信息
    logs       get logs from a running function          //查看函数实例日志
    update     update a function on Kubeless             //更新函数定义
```

8.3.1 函数部署

前文通过命令 kubeless function deploy 对函数 get-python 进行了部署。

```
$ kubeless function deploy get-python \
    --runtime python2.7 \
    --from-file test.py \
    --handler test.foobar
```

函数部署完毕后，Kubeless 将在 Kubernetes 集群中生成一个相应的 Deployment。从 Deployment 的定义中可以看到从命令 kubeless function deploy 传入的参数信息。

```
$ kubectl describe deployment get-python -n default
Name:                   get-python
Namespace:              default
------内容省略------
Init Containers:
    prepare:
        Image:          kubeless/unzip@sha256:f162c062973cca05459834de6ed14c039d45df
            8cdb76097f50b028a1621b3697
        Port:           <none>
        Host Port:      <none>
        Command:
            sh
            -c
        Args:
            echo  'e0d212721586ca9ae3b34b570bb67c51bcb7f1b35933c4e431a96dd428d5e595  /
                src/test.py' > /tmp/func.sha256 && sha256sum -c /tmp/func.sha256 && cp
                /src/test.py /kubeless/test.py && cp /src/requirements.txt /kubeless
        Environment:    <none>
        Mounts:
            /kubeless from get-python (rw)
            /src from get-python-deps (rw)
    Containers:
        get-python:
```

```
     Image:           kubeless/python@sha256:07cfb0f3d8b6db045dc317d35d15634d7
         be5e436944c276bf37b1c630b03add8
     Port:            8080/TCP
     Host Port:       0/TCP
     Liveness:        http-get http://:8080/healthz delay=3s timeout=1s period=
         30s #success=1 #failure=3
     Environment:
         FUNC_HANDLER:        foobar
         MOD_NAME:            test
         FUNC_TIMEOUT:        180
         FUNC_RUNTIME:        python2.7
         FUNC_MEMORY_LIMIT:   0
         FUNC_PORT:           8080
         PYTHONPATH:          /kubeless/lib/python2.7/site-packages
     Mounts:
         /kubeless from get-python (rw)
 Volumes:
   get-python:
     Type:      EmptyDir (a temporary directory that shares a pod's lifetime)
     Medium:
   get-python-deps:
     Type:      ConfigMap (a volume populated by a ConfigMap)
     Name:      get-python
     Optional:  false
------内容省略------
```

从前文函数 get-python 的 Deployment 定义可以看到，Kubeless 在部署函数应用时首先将函数的代码保存在 Kubernetes 的 ConfigMap 对象 get-python-deps 中。在 Pod 启动后，Config-Map 对象被挂载到一个 Init Container 中。在 Init Container 中，Kubeless 完成对函数代码的校验后才将代码复制至执行目录 /kubeless 中等待执行。函数执行的主环境的容器镜像是 kubeless/python，说明是 Python 环境。

 Init Container 是 Kubernetes 中的一种辅助性容器。Init Container 可以在应用容器启动前先行启动并完成一些环境准备工作，比如，数据库数据的初始化和缓存数据的预加载等。有时候 Init Container 还可以用来编排应用容器的启动顺序，比如等待某个依赖的服务启动完毕后才启动应用容器。Init Container 官方文档：https://kubernetes.io/docs/concepts/workloads/pods/init-containers/。

Kubeless 创建了 Deployment 后，Kubernetes 将根据这个部署配置对函数进行部署。此时，可以看到该函数的 Pod 的运行实例。

```
$ kubectl get pod  -n default
NAME                          READY    STATUS     RESTARTS    AGE
get-python-7cd685c7c-rvcwg    1/1      Running    1           3h
```

8.3.2 函数调用

Kubeless 为每一个函数创建了一个对应的 Service。前文通过命令 *kubeless function call* 对函数进行了调用。实际上 Kubeless 是通过函数的 Service IP 及端口对函数进行调用的。

```
$ kubectl get svc -n default
NAME                    TYPE        CLUSTER-IP    EXTERNAL-IP   PORT(S)    AGE
get-python              ClusterIP   10.0.0.110    <none>        8080/TCP   3h
```

除了用 Kubeless 的命令进行调用外，也可以通过命令 curl 手工调用该函数。基于这个原理，通过 NodePort Service 和 Ingress 就可以将 Kubeless 的函数对外进行发布。

```
$ curl -X POST -d '{"hello":"kubeless"}' 10.0.0.110:8080
{"hello":"kubeless"}
```

8.3.3 资源限制

Serverless 平台中的函数运行在一个资源受限的环境中，用户可以对 Kubeless 的函数所使用的 CPU 和内存进行限制。Kubeless 是通过 Kubernetes 对容器的资源限制（Resource Limit）机制来实现资源的限制的。

在部署函数时，用户可以通过参数 --cpu 及 --memory 分别指定 CPU 及内存的使用限额。下面的例子中指定了该函数的容器实例可以使用相当于 1 核的 CPU 计算能力及 1GiB 的内存空间。

```
$ kubeless function deploy get-python \
    --runtime python2.7 --from-file test.py  --handler test.foobar \
    --cpu 1 --memory 1Gi
```

资源限制最终都将反映在和这个函数相关的 Deployment 配置中。在下面的 Deployment 配置中，Limits 定义的是一个容器可以使用的资源上限，而 Requests 定义的是一个容器运行所需要的最小资源。Kubeless 将 Limits 和 Requests 设置成了一样的值，这表明容器运行时所使用的资源得到了保证。

```
$ kubectl describe deployment get-python
------内容省略------
    Limits:
        cpu:      1
        memory:   1Gi
    Requests:
        cpu:      1
        memory:   1Gi
------内容省略------
```

8.3.4　自动扩展

　　Kubeless 的函数可以根据工作负载进行自动扩展，这是基于 Kubernetes 的水平自动扩展器（Horizontal Pod Autoscaler，HPA）实现的。HPA 是 Kubernetes 容器自动弹性伸缩的机制。Kubernetes 的用户通过定义 HPA 对象，指定容器实例在到达一定的 CPU 或其他资源负载的情况下进行容器实例的自动增加或减少。

　　通过命令 kubeless autoscale 对函数实例调整弹性扩展的配置。参数 --max 指定最大的容器实例数量为 5，参数 --min 指定最少要有 1 个容器实例。参数 --metric 指定弹性扩展的指标为 CPU 使用率，默认支持 CPU 使用率和每秒访问量两种。参数 --value 指定触发扩展的阈值为 50，即当前函数所有容器实例的平均 CPU 使用率达到 50% 时将触发自动扩展。

```
$ kubeless autoscale create get-python \
    --max 5 \
    --min 1 \
    --metric cpu \
    --value 50
INFO[0000] Adding autoscaling rule to the function...
INFO[0000] Autoscaling rule for get-python submitted for deployment
```

命令执行后可以看到新增的自动扩展配置。

```
$ kubeless autoscale ls
NAME        NAMESPACE       TARGET          MIN     MAX     METRIC  VALUE
get-python  default         get-python      1       5       cpu     50
```

HPA 是 Kubernetes 的标准资源对象，因此通过命令 kubectl 可以查看相应的 HPA 对象。

```
$ kubectl get hpa -n default
NAME        REFERENCE               TARGETS         MINPODS MAXPODS REPLICAS AGE
get-python  Deployment/get-python   <unknown>/50%   1       5       1        50s
```

8.4　Trigger

　　Kubeless 的事件响应机制是通过触发器 Trigger 实现的。Kubeless 用户通过定义 Trigger 将事件源与函数进行关联。Kubeless 默认支持四种类型的 Trigger，即 HTTP、Cronjob、Kafka 以及 NATS。

8.4.1　HTTP Trigger

　　HTTP Trigger 为函数创建一个可以被外部访问的途径。Kubeless 的 HTTP Trigger 的实现依赖于 Kubernetes 的 Ingress 机制。

通过命令 kubeless trigger http create 创建一个 HTTP Trigger。参数 --function-name 指定了关联的函数为 get-python。参数 --hostname 及 --path 指定了关联函数的调用域名和路径。参数 --gateway 指定了前端 Ingress Controller 使用的是 Nginx。除 Nginx Ingress 之外，Kubeless 还支持 Traefik 和 Kong 作为 Ingress。

```
$ kubeless trigger http create get-python-trigger \
    --function-name get-python \
    --hostname get-py.example.com \
    --path echo \
    --gateway nginx
```

以上命令将创建一个 httptrigger 对象，这是 Kubeless 在 Kubernetes 集群中创建的自定义资源。

```
$ kubeless trigger    http ls
NAME                  NAMESPACE    FUNCTION NAME
get-python-trigger    default      get-python
```

真正让 HTTP Trigger 起作用的是其背后对应的 Kubernetes Ingress 对象。每一个 HTTP Trigger 创建的同时，Kubeless 都会创建一个对应的 Kubernetes Ingress 对象。通过下面的示例输出可以看到，创建 HTTP Trigger 的参数信息都被传递到了其对应的 Ingress 对象中。这样，最终函数的调用方通过访问地址 http://get-py.example.com/echo 就可以调用 get-python 函数。

```
$ kubectl describe ingress get-python-trigger -n default
Name:             get-python-trigger
Namespace:        default
Address:
Default backend:  default-http-backend:80 (<none>)
Rules:
    Host               Path  Backends
    ----               ----  --------
    get-py.example.com  /echo   get-python:8080 (<none>)
Annotations:
    nginx.ingress.kubernetes.io/rewrite-target:  /
Events:                                          <none>
```

Kubeless 的 HTTP Trigger 完全依赖于 Kubernetes 的 Ingress 实现。因此，要使用 Kubeless 的 HTTP Trigger 就必须要保证 Kubernetes 的 Ingress 已经成功配置并且工作正常。目前 Kubeless 支持 Nginx、Traefik 及 Kong 三种 Ingress Controller。结合不同的 Ingress Controller 特性，Kubeless 可以实现更多的功能，如安全认证。

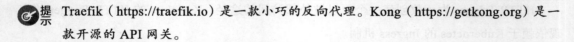 提示 Traefik（https://traefik.io）是一款小巧的反向代理。Kong（https://getkong.org）是一款开源的 API 网关。

8.4.2　Cronjob Trigger

Cronjob Trigger 适用于需要定时执行的函数实例。用户
通过传统 Unix 的 Cron Job 定时规则定义函数被触发执行的时
间。关于 Cron Job 定时规则的定义，请参考图 8-4。

通过命令 kubeless trigger cronjob 创建一个 Cronjob Trigger。
参数 --schedule 指定触发的时间规则为 "*/5 * * * *"，即每 5
分钟调用一次。

图 8-4　Cron Job 定时规则

```
$ kubeless trigger cronjob create  every-5-min-trigger --function get-python
  --schedule '*/5 * * * *'
INFO[0000] Cronjob trigger every-5-min-trigger created in namespace default
  successfully!
```

在 Kubeless 的 Cronjob Trigger 对象创建的同时，Kubeless 也将创建一个与之对应的
Kubernetes 的 Cronjob 对象。Cron Job 是 Kubernetes 中负责定时任务执行的机制。Kubernetes
将根据用户指定的时间规则运行指定的容器镜像执行定时任务。

```
$ kubectl get cronjob
NAME                 SCHEDULE        SUSPEND     ACTIVE     LAST SCHEDULE     AGE
trigger-get-python   */5 * * * *     False       0          <none>            29s
```

查看 Cron Job 对象的详细定义可以看到，Cron Job 对象每 5 分钟运行一个 kubeless/
unzip 容器。容器启动后将执行命令 curl，函数 get-python 的调用地址为 http://get-python.
default.svc.cluster.local:8080。

```
$ kubectl get cronjob trigger-get-python -o yaml
apiVersion: batch/v1beta1
kind: CronJob
------内容省略------
    containers:
    - args:
        - curl
        - -Lv
        - ' -H "event-id: a5iGxOpvcRQDe3s" -H "event-time: 2018-04-28 22:59:57.188253004
          +0000 UTC" -H "event-type: application/json" -H "event-namespace: cronjob-
          trigger.kubeless.io"'
        - http://get-python.default.svc.cluster.local:8080
        image: kubeless/unzip@sha256:f162c062973cca
------内容省略------
schedule: '*/5 * * * *'
------内容省略------
```

8.4.3　Kafka Trigger

Kafka（https://kafka.apache.org）是一个开源的高性能消息系统。Kafka 的消息发送基

于话题发布与订阅模型（Topic Pub/Sub）。Kubeless 支持监听 Kafka 的 Topic，在所监听的 Topic 收到消息时，Kubeless 将触发执行指定的函数。

Kubeless 的 Kafka 支持需要创建额外的 Kubernetes CRD 对象以及关联的 Kafka 服务实例。Kubeless 项目提供了 Kafka 部署所需的配置文件。Kubeless 关联的 Kafka 及其依赖的集群关联组件 ZooKeeper 需要持久化卷的支持，因此在部署前需要先创建相应的持久化卷。

作为示例，这里在 Kubernetes 节点上建立目录作为持久化卷的后端存储。

```
$ sudo mkdir -p /data/pv01 /data/pv02
```

创建对应的持久化卷 PersistentVolume 对象。

```
$ echo 'apiVersion: v1
kind: PersistentVolume
metadata:
    name: pv01
spec:
    accessModes:
        - ReadWriteOnce
    capacity:
        storage: 1Gi
    hostPath:
        path: /data/pv01/
---
apiVersion: v1
kind: PersistentVolume
metadata:
    name: pv02
spec:
    accessModes:
        - ReadWriteOnce
    capacity:
        storage: 1Gi
    hostPath:
        path: /data/pv02/'|kubectl apply -f -
```

执行命令 kubectl apply -f，根据配置文件创建 Kafka 相关的对象。

```
$ kubectl apply -f https://github.com/kubeless/kubeless/releases/download/v1.0.0-
    alpha.1/kafka-zookeeper-v1.0.0-alpha.1.yaml
```

命令执行完毕后，在命名空间 kubeless 中可以看到 Kafka、ZooKeeper 以及 Kafka Trigger Controller 的容器实例。Kafka Trigger Controller 是 Kafka Trigger 的处理中枢，其负责监控消息 Topic，并在消息到达时调用相对应的函数。

```
$ kubectl get pod -n kubeless
NAME                                            READY       STATUS      RESTARTS    AGE
kafka-0                                         1/1         Running     2           30m
```

```
kafka-trigger-controller-867f858bd-tmglz        1/1     Running    0     30m
kubeless-controller-manager-6f59c58ffd-jfgnx    1/1     Running    1     10h
ui-5b87d84d96-t6f4b                             2/2     Running    0     8h
zoo-0                                           1/1     Running    0     30m
```

通过命令 kubeless trigger kafka create 创建一个 Kafka Trigger。一个 Kafka Trigger 可以同时关联触发多个函数，参数 --function-selector 是一个标签选择器，用来指定相关联的函数需要带有什么样的标签信息。参数 --trigger-topic 指定监听的 Kafka Topic 为 greeting-topic。当有消息发送到这个 Topic 时，对应的一个或多个函数就会被执行。

```
$ kubeless trigger kafka create greeting --function-selector 'function=get-
    python' --trigger-topic greeting-topic
INFO[0000] Kafka trigger greeting created in namespace default successfully!
```

当 Kafka Trigger 创建完毕后，Kubeless 将在 Kafka 中创建相应的 Topic。通过命令 kubeless topic list 可以查看 Kubeless 的 Kafka 的 Topic 列表。

```
$ kubeless topic list
__consumer_offsets
greeting-topic
```

Kubeless 提供了命令 kubeless topic publish 向对应的 Kafka Topic 发送消息。读者也可以通过 Kafka 的命令行工具或编程语言向 Kafka 发送消息。

```
$ kubeless topic publish --topic greeting-topic --data '{"echo": "Hey, there!"}'
```

消息成功发送后，查看函数 get-python 的日志可以看到，刚才发送的消息触发了函数的执行，消息中的信息 {"echo": "Hey, there!"} 被传递到了函数实例中。

```
$ kubeless function logs get-python
Bottle v0.12.13 server starting up (using CherryPyServer())...
Listening on http://0.0.0.0:8080/
Hit Ctrl-C to quit.
10.10.0.2 - - [01/May/2018:09:16:06 +0000] "GET /healthz HTTP/1.1" 200 2 ""
    "kube-probe/1.10" 0/80
{'event-time': '2018-05-01 09:16:12.481973742 +0000 UTC', 'extensions': {'request':
    <LocalRequest: POST http://get-python.default.svc.cluster.local:8080/>},
    'event-type': 'application/json', 'event-namespace': 'kafkatriggers.kubeless.
    io', 'data': {u'echo': u'Hey, there!'}, 'event-id': 'a40UkCAxQwlwLzw'}
```

查看 Kafka Trigger Controller 容器实例的日志，也可以看到消息接收和函数调用的日志记录。

```
$ kubectl logs  kafka-trigger-controller-867f858bd-tmglz -n kubeless
time="2018-05-01T09:16:12Z" level=info msg="Received Kafka message Partition: 0
    Offset: 6 Key:  Value: {\"echo\": \"Hey, there!\"} "
time="2018-05-01T09:16:12Z" level=info msg="Sending message &{ {\"echo\": \"Hey,
    there!\"} greeting-topic %!s(int32=0) %!s(int64=6) 0001-01-01 00:00:00 +0000
```

```
      UTC 0001-01-01 00:00:00 +0000 UTC []} to function get-python"
time="2018-05-01T09:16:12Z" level=info msg="Message has sent to function get-
      python successfully"
```

8.4.4　NATS Trigger

NATS（https://nats.io）是 CNCF 旗下孵化的一个开源消息系统。相对于 Kafka 而言，NATS 发展的时间比较短，因此目前应用的案例没有 Kafka 多。

除了支持以 Kafka 作为消息来源外，Kubeless 也支持 NATS 作为关联的消息中间件，其原理与前文介绍的 Kafka Trigger 类似。Kubeless NATS Trigger 通过 NATS Trigger Controller 监听 NATS 的 Topic，在消息到达指定的 Topic 时触发执行对应的函数。

Kubeless NATS Trigger Controller 启动时默认连接的 NATS 服务地址为 nats://nats.nats-io.svc.cluster.local:4222。因此在部署 NATS Trigger Controller 前需要在 Kubernetes 的命名空间 nats-io 中部署一个名为 nats 的 NATS 实例服务。

```
$ kubectl create ns nats-io
$ kubectl run nats --image=nats -n nats-io
$ kubectl expose deployment nats --port 4222 -n nats-io
```

创建 NATS Trigger 所需的 Kubernetes 自定义资源并部署 NATS Trigger Controller 容器。

```
$ kubectl apply -f https://github.com/kubeless/kubeless/releases/download/v1.0.0-
    alpha.1/nats-v1.0.0-alpha.1.yaml
```

通过命令 kubeless trigger nats 可以对 NATS Trigger 进行管理。下面的例子创建了一个 NATS Trigger。

```
$ kubeless trigger nats  create greeting \
    --function-selector 'function=get-python' \
    --trigger-topic greeting-topic
```

向 NATS 实例发送信息。作为演示，这里直接向 NATS 容器的 IP 及端口地址 nats://10.10.0.139:4222 发送消息 {message:Save the world}。

```
$ kubeless trigger nats publish \
    --topic greeting-topic \
    --message {'message':'Save the world'} \
    --url nats://10.10.0.139:4222
INFO[0000] Published [greeting-topic] : '{message:Save the world}'
```

查看 NATS Trigger Controller 的日志可以看到，消息被 Controller 获取并发送给对应的函数 get-python。

```
$ kubectl logs -n kubeless  nats-trigger-controller-744cdc75f6-9w67h|tail -2
time="2018-05-05T06:36:58Z" level=info msg="Sending message {message:Save the
```

```
world} to function get-python"
time="2018-05-05T06:36:58Z" level=info msg="Message has sent to function get-
    python successfully"
```

此时查看函数示例的日志可以看到相应的执行记录。

```
$ kubeless function logs get-python
{'event-time': '2018-05-05 06:36:58.695803887 +0000 UTC', 'extensions':
    {'request': <LocalRequest: POST http://get-python.default.svc.cluster.
    local:8080/>}, 'event-type': 'application/x-www-form-urlencoded', 'event-
    namespace': 'natstriggers.kubeless.io', 'data': '{message:Save the world}',
    'event-id': 'OIEP5crp4Fs9UjU'}
```

8.5　本章小结

Kubernetes 是一个容器编排平台，其关注容器的部署和管理。Kubeless 增强了 Kubernetes 的能力，使 Kubernetes 成为一个 FaaS 平台。Kubeless 利用了许多 Kubernetes 的平台特性，例如，通过 Kubernetes 的 Deployment 管理函数的配置，通过 HPA 对函数实例进行弹性扩展，通过 ConfigMap 为运行时注入函数代码。这使得 Kubernetes 的用户可以很快地了解和掌握 Kubeless。

Kubeless 设计了一套逻辑架构，在 Kubernetes 的基础上引入了 Function、Trigger 和 Runtime 等概念。通过这些概念，Kubeless 屏蔽了底层容器和 Kubernetes 的细节，这使得用户可以专注在函数的开发和管理上。

```
ourl11.0.fucty.com.d-python.
olaud 20188-2-2708.0-188. rma.gdb. mop "None" d d eu function set.
Python successfully.
```

此时打开浏览器，访问生成的 URL 即可看到如下的返回结果。

```
$ http--body-ou110n_1t09.os_sy.com
[PyVO-0-0-0. x0222-2-08. ougll.-eu gb2022 g.gdbg
{ roquest "nuhh4/lo.qubolb) 2457 h rgb. 20be. 9 q Clou9.0..ht gp2 uvr.of lggm.
futor.0. g.qbnh r0ogh-ng ll g1.1 quv2-woogt.
  d.uhh-pcotto. Nucorh.0-ya. uh.ovu g.g.nam.... unobon f the worln)
  no-d.f.o. Ul9. Cor o79-g.}
```

Kubernetes 是一个能够管理平台下 Pod 容器组的编排调度工具。Kubernetes 加强了 Kubernetes 的能力，引入 Kubernetes 模式。一个 FaaS 平台。Kobeless 利用了基本 Kubernetes 的事件方法技术，通过 Kubernetes 的 Deployment 将函数的实现。通过 HPA 实现类型、简洁且高效的。

比如可以考虑通过监控类型名系和相关属性上。

Fission

Fission 是基于 Kubernetes 的 Serverless 框架，增强了 Kubernetes 的能力，将函数和事件驱动的计算模式引入了 Kubernetes 平台。通过 Fission，用户可以将 Kubernetes 转变成一个 Serverless FaaS 平台。基于 Fission 开发 Serverless 应用的用户可以不必了解底层 Docker 和 Kubernetes 的细节。通过 Fission 提供的逻辑概念和工具，用户可以方便地开发出 Serverless 架构的应用。

通过本章的内容，你将了解：

❑ Fission 的核心概念及系统架构。

❑ 如何将 Fission 部署到 Kubernetes 之上。

❑ 如何使用 Fission Workflows 进行函数流程编排。

9.1　Fission 项目

Fission 是 Platform 9 公司建立的开源项目。从 2016 年至今，Fission 已经在 GitHub 上累积了超过 3000 个星（GitHub 的赞），受到了 Kubernetes 社区的关注。

9.1.1　逻辑架构

Fission 在 Kubernetes 平台的基础上引入了一些 FaaS 平台的相关概念，如图 9-1 所示。通过这些逻辑概念，Fission 为用户屏蔽了容器和容器平台底层的细节。

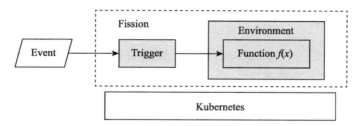

图 9-1　Serverless 框架 Fission 逻辑架构

其中：

❑ Function 代表用户定义的函数。

❑ Environment 即用户定义的函数所运行的环境，如 Go、Ruby 及 Python 等。

❑ Trigger 定义触发函数的事件来源。当前 Fission 支持 HTTP、定时以及消息队列三种 Trigger 类型。

9.1.2　系统架构

Fission 是基于 Kubernetes 的 FaaS 框架。在功能实现上，Fission 利用了 Kubernetes 底层的容器计算和编排能力。用户定义的 Serverless 容器最终都将运行在 Kubernetes 的 Pod 中，并通过 Kubernetes 进行调度。

图 9-2 展示的是 Fission 的系统架构。Fission 在 Kubernetes 平台上引入了 poolmgr 及 Router 等组件实现 FaaS 的事件驱动和按需执行等关键特性。

❑ poolmgr 负责管理一个预先启动的容器资源池，以缩短函数冷启动所用的时间。

❑ Router 负责访问函数的 HTTP 请求的分发，是外界调用函数的入口。

❑ Fission 提供了命令行工具和 Web 控制台作为用户交互客户端。

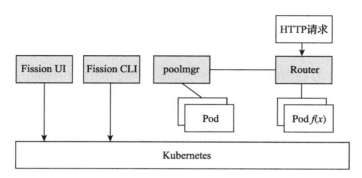

图 9-2　Serverless 框架 Fission 系统架构

9.2 部署 Fission

Fission 的部署需要一个 Kubernetes 集群。读者可以通过 6.4 节描述的方法准备一个 Kubernetes 环境。为了方便部署，Fission 项目维护了一个 Helm Chart，因此用户可以通过 Helm 将 Fission 部署到 Kubernetes 上。如果你还不熟悉 Helm，可参考 7.6 节对 Helm 的详细介绍。

9.2.1 安装 Helm

因为 Fission 的部署需要用到 Helm，所以需要先安装 Helm。从 Helm 项目的 GitHub 仓库中下载 Helm 的二进制执行文件。下面以 Helm 2.8.2 为例。

```
$ wget https://storage.googleapis.com/kubernetes-helm/helm-v2.8.2-linux-amd64.
    tar.gz
```

解压后，将 Helm 的二进制执行文件加入系统的 PATH 路径。执行二进制文件 helm 初始化 Kubernetes 集群。

```
$ helm init --tiller-image docker.io/nicosoft/tiller:v2.8.2
```

> 🎯 提示　默认的 Helm Tiller 镜像在 Google 的镜像仓库内，在国内无法访问，因此通过参数 --tiller-image 指定使用 Docker Hub 上的替代镜像。在可以访问 Google 服务器的主机上则无须指定替代镜像。

Helm 依赖于命令 socat 进行端口转发。因此，需要保证系统已经安装了软件包 socat。

```
$ sudo apt-get update
$ sudo apt-get install socat
```

9.2.2 部署 Fission Chart

Helm 配置完毕后，就可以通过 Fission 的 Helm Chart 将 Fission 的相关组件部署到 Kubernetes 集群上。通过 Fission 的 GitHub 仓库（https://github.com/fission/fission/releases/）可以获取 Fission 最新的部署包。下面以 Fission 的 0.7.2 版本为例进行介绍。

```
$ helm install --namespace fission \
    --set serviceType=NodePort,routerServiceType=NodePort \
    https://github.com/fission/fission/releases/download/0.7.2/fission-all-
        0.7.2.tgz
```

Fission 的组件需要持久化卷的支持。本例中直接使用 Kubernetes 的 Node 节点上的目录作为 Persistent Volume（PV）的存储后端。下面的命令将建立目录并创建 PV 对象。

```
$ sudo mkdir -p /data/pv01
$ echo 'apiVersion: v1
kind: PersistentVolume
metadata:
    name: pv01
spec:
    accessModes:
        - ReadWriteOnce
    capacity:
        storage: 10Gi
    hostPath:
        path: /data/pv01/'|kubectl apply -f -
```

部署成功后，在命名空间 fission 下可以看到 Fission 相关的容器组件已经被成功部署并运行。至此，Fission 就已经成功地被部署在 Kubernetes 上了。

```
$ kubectl get pod -n fission
NAME                             READY   STATUS    RESTARTS   AGE
buildermgr-7b5dd9545-cwvr8       1/1     Running   0          48m
controller-d66b9c7d-8kbj9        1/1     Running   0          48m
executor-6b74f85cb8-x6b52        1/1     Running   0          48m
influxdb-6799f75947-b5mdz        1/1     Running   0          48m
kubewatcher-6d6cb56457-zqp9j     1/1     Running   0          48m
logger-8pf8w                     1/1     Running   0          48m
mqtrigger-95876f47-1stc2         1/1     Running   1          48m
nats-streaming-7686cd7ff4-jztcw  1/1     Running   0          48m
router-5bd79f8b88-8djb7          1/1     Running   0          48m
storagesvc-5dc5468795-55kb5      0/1     Running   0          48m
timer-7569f96cc5-h2xpv           1/1     Running   1          48m
```

9.2.3　命令行工具

Fission 提供了命令行工具 fission 作为用户交互的手段。通过 Fission 项目的 GitHub 仓库（https://github.com/fission/fission/releases/）下载 Fission 命令行工具。下载后将 Fission 的二进制文件加入系统可执行程序的搜索路径 /usr/local/bin 中，如下所示。

```
$ curl -L https://github.com/fission/fission/releases/download/0.7.2/fission-cli-
    linux -o fission
$ chmod +x fission
$ sudo mv fission /usr/local/bin
```

9.2.4　Hello Fission

Fission 部署和配置完毕后，下面让我们在 Fission 上部署一个简单的 Hello World 应用来测试 Fission 的基本功能。

创建 Node.js 的代码文件 hello.js，其内容如下所示。文件 hello.js 定义了一个函数，该函数将返回一个包含"Hello, fission!"的 JSON 对象。

```
module.exports = async function(context) {
    return {
        status: 200,
        body: "Hello, fission!\n"
    };
}
```

命令 fission 将通过 Kubernetes 客户端配置文件获取用户的 Kubernetes 连接及登录信息。在本书所使用的 Kubernetes 环境中，可以通过如下命令复制 Kubernetes 的配置。

```
$ cp /etc/kubeconfig.yml ~/.kube/config
```

通过 Fission 的命令行工具 fission 创建函数的运行环境 Environment。参数 --name 及 --image 分别指定了该 Environment 的名称以及所使用的容器镜像。

```
$ fission env create --name nodejs --image fission/node-env:0.7.2
```

通过 Fission 的命令行工具 fission 创建函数 hello。参数 --env 指定了所使用的运行环境为刚才所创建的 Environment nodejs。参数 --code 指定了该函数的代码文件为 hello.js。

```
$ fission function create --name hello --env nodejs --code hello.js
```

函数创建完毕后，通过命令 fission function test 调用刚创建的函数 hello。通过下面的示例输出可以看到，函数 hello 返回了消息"Hello, fission!"。这说明 Fission 已经成功运行在 Kubernetes 上并工作正常。

```
$ fission function test --name hello
Hello, fission!
```

9.3 深入探讨 Fission

Fission 引入了 Environment、Function 及 Trigger 等概念。这些逻辑概念最终都将在 Kubernetes 中以自定义资源定义（Custom Resource Definition，CRD）的形式存在。通过命令 kubectl 可以查看 Fission 在部署时创建的自定义资源的列表。通过 Kubernetes 自定义资源的方式，Fission 扩展了 Kubernetes 中的逻辑概念，使得通过原生 Kubernetes API 和命令就可以操作 Fission 对象。Fission 对象也会被存储在 Kubernetes 的 etcd 数据库中，而无须额外进行数据的持久化处理。

```
$ kubectl get crd
NAME                                        AGE
environments.fission.io                     2h
functions.fission.io                        2h
httptriggers.fission.io                     2h
kuberneteswatchtriggers.fission.io          2h
messagequeuetriggers.fission.io             2h
packages.fission.io                         2h
timetriggers.fission.io                     2h
```

9.3.1　Environment

Fission 的所有函数都将运行在容器环境中。根据开发函数所用的语言的不同，函数运行所需要的环境也不一样。Environment 代表函数运行的容器环境。在 Fission 中，用户通过容器镜像定义函数的运行环境。表 9-1 列出的是 Fission 默认支持的函数运行环境及镜像。

表 9-1　Fission 默认支持的 Environment

编程语言及格式	镜 像 名 称	编程语言及格式	镜 像 名 称
二进制文件或 Shell 脚本	fission/binary-env	NodeJS (Debian)	fission/node-env-debian
Go	fission/go-env	Perl	fission/perl-env
.NET	fission/dotnet-env	PHP 7	fission/php-env
.NET 2.0	fission/dotnet20-env	Python 3	fission/python-env
NodeJS (Alpine)	fission/node-env	Ruby	fission/ruby-env

用户可以通过命令 fission env 对 Environment 进行管理。如前文通过命令 fission env create 在系统中创建新的 Environment 对象。

```
$ fission env create --name nodejs --image fission/node-env:0.7.2
```

当 Environment 对象创建完毕后，通过命令 fission env list 可以查看 Environment 对象的列表。

```
$ fission env list
NAME    UID                                   IMAGE                  POOLSIZE
    MINCPU MAXCPU MINMEMORY MAXMEMORY EXTNET GRACETIME
nodejs  be951619-5372-11e8-b9bf-0800278dc04d  fission/node-env:0.7.2 3        0
    0      0      0         false  360
```

因为 Environment 对象是 Kubernetes 的自定义资源对象，因此，通过命令 kubectl 也可以操作 Environment 对象。通过命令 kubectl describe 可以查看 Environment 对象的详细信息。

```
$ kubectl describe environment nodejs
Name:              nodejs
Namespace:         default
Labels:            <none>
Annotations:       <none>
API Version:       fission.io/v1
Kind:              Environment
Metadata:
    Cluster Name:
    Creation Timestamp:  2018-05-09T10:21:32Z
    Generation:          1
    Resource Version:    13347
    Self Link:           /apis/fission.io/v1/namespaces/default/environments/nodejs
    UID:                 be951619-5372-11e8-b9bf-0800278dc04d
Spec:
    Termination Grace Period: 360
    Builder:
    Poolsize:  3
    Resources:
    Runtime:
        Functionendpointport:  0
        Image:                 fission/node-env:0.7.2
        Loadendpointpath:
        Loadendpointport:      0
    Version:               1
Events:                    <none>
```

当用户创建 Environment 后，在 Kubernetes 的命名空间 fission-function 下可以看到与该 Environment 对应的容器实例。为了缩短函数冷启动时间，Fission 将预启动一些空闲的容器实例以备用。

```
$ kubectl get pod -n fission-function
NAME                                                               READY
STATUS              RESTARTS    AGE
nodejs-be951619-5372-11e8-b9bf-0800278dc04d-b4yxsvpd-795f5hgcjn    2/2
    Running             0           4h
nodejs-be951619-5372-11e8-b9bf-0800278dc04d-b4yxsvpd-795f5nthvq    2/2
    Running             0           4h
nodejs-be951619-5372-11e8-b9bf-0800278dc04d-b4yxsvpd-795f5rv8t2    2/2
    Running             0           5h
```

从原理上来说，Environment 容器中运行的主程序其实是由 Node.js、Go 或者 Python 等语言编写的特殊 Web 应用，该应用将等待接收指令。在运行时，Fission 负责根据需求将 Environment 容器镜像实例化，然后注入相应的函数代码或二进制文件。这个注入的过程称为特异化（Specializing）。

用户可以自行定义 Environment 镜像。自定义镜像可以通过扩展现有镜像的方式实现，详情可以参考 Environment 镜像的 Dockerfile 源代码。

Fission Environment 镜像源代码：https://github.com/fission/fission/tree/master/environments。

9.3.2　Function

Function 在 Fission 中代表函数的定义。用户通过 Function 对象定义和管理函数实例。如前文所示，通过命令 fission function create 可以创建函数实例。

```
$ fission function create --name hello --env nodejs --code hello.js
```

通过命令 fission function list 可以查看系统中函数的列表。从列表中可以查看函数的基本信息汇总，如该函数所使用的 Environment、CPU 和内存的使用限额等。

```
$ fission function list
NAME   UID                                    ENV     EXECUTORTYPE MINSCALE MAXSCALE
   MINCPU MAXCPU MINMEMORY MAXMEMORY TARGETCPU
hello  2bc5be70-5373-11e8-b9bf-0800278dc04d nodejs  poolmgr          0        1
       0      0      0         0         80
```

如果想进一步查看某个函数的详细信息，可执行命令 kubectl describe function。

```
$ kubectl describe function hello
Name:        hello
Namespace:   default
Labels:      <none>
Annotations: <none>
API Version: fission.io/v1
Kind:        Function
Metadata:
    Cluster Name:
    Creation Timestamp:  2018-05-09T10:24:35Z
    Generation:          1
    Resource Version:    13626
    Self Link:           /apis/fission.io/v1/namespaces/default/functions/hello
    UID:                 2bc5be70-5373-11e8-b9bf-0800278dc04d
Spec:
    Invoke Strategy:
        Execution Strategy:
            Executor Type:      poolmgr
            Max Scale:          1
            Min Scale:          0
            Target CPU Percent: 80
        Strategy Type:          execution
    Configmaps:                 <nil>
    Environment:
        Name:       nodejs
        Namespace:  default
    Package:
        Packageref:
```

```
            Name:              hello-js-hbie
            Namespace:         default
            Resourceversion:   13625
    Resources:
    Secrets:  <nil>
Events:       <none>
```

9.3.3 Package

Fission 用户在定义函数时可以提供一个单一的函数源代码，也可以提供一个包含函数及其依赖的压缩包。例如，前文创建函数 hello 时，其实我们直接提供了文件 hello.js 作为函数的源代码文件。函数 hello 创建后，Fission 在后台自动创建了一个 Package 对象 hello-js-hbie，用于保存函数 hello 的源代码。

```
$ fission  package  list
NAME             BUILD_STATUS ENV
hello-js-hbie succeeded     nodejs
```

通过命令 kubectl describe package 可以查看 Package hello-js-hbie 的详细信息。这个 Package 的属性 literal 保存了一段 BASE64 编码的字符串，该字符串便是函数 hello 的源代码。下面的命令获取了 Package 属性 literal 的值并进行了解码，解码后可以看到函数 hello 的源代码。

```
$ kubectl get package hello-js-hbie \
    -o go-template='{{.spec.deployment.literal}}\n'|base64 -d
module.exports = async function(context) {
        return {
                status: 200,
                body: "Hello, fission!\n"
            };
}
```

Package 的引入使得函数代码和 Function 实现了分离，一个 Package 可以被多个不同的 Function 所引用，使得函数的源代码有了更好的重用性。前文通过命令 fission function create 创建 Function 对象时，Fission 自动创建了一个关联的 Package。实际上用户可以先创建 Package，然后在创建函数时再引用这个 Package。

下面是一个 Node.js 的源代码文件。文件中定义了一个函数 echo，该函数将原封不动地返回输入的信息。

```
$ cat echo.js
module.exports = async function(context) {

data = context.request.body
```

```
    return {
        status: 200,
        body: data
    };
}
```

通过命令 fission package create 创建一个 Package。参数 --deploy 指定了函数的可执行源代码为 echo.js。参数 --env 指定了该 Package 的函数运行环境为 nodejs。

```
$ fission package create --env nodejs --deploy echo.js
Package 'echo-js-gfp1' created
```

Package 创建完毕后，通过 fission package list 可以列出 Package 的信息。

```
$ fission package list
NAME            BUILD_STATUS ENV
echo-js-gfp1    running      nodejs
```

用户可以基于 Package 创建函数。在下面的例子中，通过参数 --pkg 指定了函数的 Package 为 Package echo-js-gfp1。在函数被执行时，Package echo-js-gfp1 中的函数源代码将会被注入函数执行环境中被执行。

```
$ fission function create --name echo --pkg echo-js-gfp1
function 'echo' created
```

通过命令 fission function get 可以看到 Function echo 相关联的函数源代码。

```
$ fission function get --name echo
module.exports = async function(context) {

data = context.request.body
    return {
        status: 200,
        body: {"data":data}
    };
}
```

Fission 默认支持多种函数编程语言，其中有脚本语言，如 Python 和 Ruby。此外，也有编译型语言，如 Go 和 .NET。对于编译型的语言，需要通过编译器对源代码进行编译形成字节码或者二进制可执行文件。Fission 为此引入了 Builder 的概念。Environment 是函数的运行环境，Builder 则是函数源代码的编译和构建环境。用户可以在创建 Function 或者 Package 对象时指定该函数所使用的 Builder 容器镜像和编译构建的命令。

下面通过一个 Python 示例介绍 Fission 的 Builder 的使用方法。下载示例的源代码，并将源代码文件打包成 ZIP 压缩包。对于包含多个文件的函数代码，用户可以将相关的文件以 ZIP 压缩包的形式传递给 Fission。

```
$ git clone https:github.com/nichochen/severless-fission-python-app.git python-src
$ zip -jr py-src.zip py-src/
```

该示例的应用引用了外部的 Python 库 PyYAML, 在运行这个应用前需要通过 Python 的包管理工具下载并配置外置库。因此, 需要 Fission 在运行该应用前先运行构建脚本 build. sh 中所定义的构建命令。

脚本 build.sh 指定了在构建时运行 Python 的包管理工具 PIP 下载依赖包 PyYAML, 然后再将包含 PyYAML 库的源代码目录复制到部署目录中。

```
$ cat build.sh
#!/bin/sh
pip3 install -r ${SRC_PKG}/requirements.txt -t ${SRC_PKG} && cp -r ${SRC_PKG}
    ${DEPLOY_PKG}
```

因为需要构建, 因此创建 Environment 时需要通过参数 --builder 指定此环境所关联的构建环境的 Builder 容器镜像。Builder 容器镜像中包含函数代码构建所需要的工具和配置。

```
$ fission env create --name py-src \
    --image fission/python-env:latest \
    --builder fission/python-builder
environment 'py-src' created
```

在创建 Package 时引用刚才创建的 Environment py-src。参数 --sourcearchive 指定该函数的源代码为压缩包 py-src.zip, 参数 --buildcmd 指定构建的命令为源代码目录下的脚本 build.sh。

```
$ fission package create \
    --sourcearchive py-src.zip \
    --env py-src \
    --buildcmd "./build.sh"
Package 'py-src-zip-jsid' created
```

Package 创建成功后, 可以查看 Package 详情以了解构建是否成功。通过命令 fission package info 的输出可以看到构建的状态已经显示为成功, 并附有构建日志。当创建 Package 时, Fission 检测到该 Package 提交的为源代码文件, 便会启动关联的 Environment 对象中的 Builder 容器镜像进行构建。

```
$ fission package info --name py-src-zip-jsid
Name:        py-src-zip-jsid
Environment: py-src
Status:      succeeded
Build Logs:
Collecting pyyaml (from -r /packages/py-src-zip-jsid-7fo7ou/requirements.txt
    (line 1))
    Downloading https://files.pythonhosted.org/packages/4a/85/db5a2df477072b2902
```

```
            b0eb892feb37d88ac635d36245a72a6a69b23b383a/PyYAML-3.12.tar.gz (253kB)
Installing collected packages: pyyaml
    Running setup.py install for pyyaml: started
        Running setup.py install for pyyaml: finished with status 'done'
Successfully installed pyyaml-3.12
```

最后，创建 Function 时指定 Package 为刚才创建的 Package。参数 --entrypoint 指定了函数的执行入口为 user.main。

```
$ fission fn create --name func-py-yaml \
    --pkg py-src-zip-jsid \
    --entrypoint "user.main"
function 'func-py-yaml' created
```

测试调用函数 func-py-yaml，函数成功被执行并返回。

```
$ fission function test --name func-py-yaml
a: 1
b: {c: 3, d: 4}
```

9.3.4　Trigger

Trigger 定义了可以触发函数执行的事件源。目前，Fission 默认支持三种类型的 Trigger，即 HTTP Trigger、Time Trigger 以及 Message Queue Trigger。

1. HTTP Trigger

HTTP Trigger 是比较常见的 Trigger。用户通过创建 HTTP Trigger 使 Fission 中的函数可以通过 HTTP 调用触发执行。下面的例子为函数 echo 创建了一个关联的触发器。参数 --url 指定了对外可被调用的 URL 为 /echo。参数 --method 指定了 HTTP 的调用方法为 POST。

```
$ fission httptrigger create
    --function echo  \
    --url /echo \
    --method POST
trigger '95970501-2a2e-479c-acd9-68aa5e9d5fdd' created
```

HTTP Trigger 的实现底层是由 Fission Router 负责处理所有访问函数的 HTTP 请求，根据用户定义的 HTTP Trigger 规则将请求转发给对应的函数。Fission Router 在 Kubernetes 中创建了一个 NodePort Service，NodePort 的默认端口为 31314，通过 Kubernetes 节点的 IP 地址加上端口 31314 以及 URL 路径 /echo 就可以访问函数 echo。

```
$ curl -X POST --header "Content-Type: application/json" \
    -d '{"Fission":"Serverless"}' \
```

```
    $(hostname -i):31314/echo
{"Fission":"Serverless"}
```

2. Time Triger

Time Trigger 使函数可以被定时调用执行。用户可以通过 Cron 语法定义 Time Trigger 的定时规则。下面的例子为函数 hello 创建了一个 Time Trigger，通过参数 --cron 指定了定时规则，该 Trigger 每半小时执行一次函数 hello。

```
$ fission timetrigger create
    --name hello-halfhourly \
    --function hello \
    --cron "*/30 * * * *"
trigger 'hello-halfhourly' created
```

3. Message Queue Trigger

Message Queue Trigger（MQ Trigger）定义当消息到达指定消息队列时触发函数的执行。目前 Queue Trigger 支持 NATS 和 Azure Storage Queue 两种消息队列。下面的例子为函数 echo 创建了一个 MQ Trigger。参数 --mqtype 指定了消息队列的类型为 NATS。参数 --topic 指定了消息来源的消息队列 Topic 为 greeting-topic。参数 --resptopic 指定了函数执行完毕后，其返回值将发送到 Topic greeting-response 中。

```
$ fission mqtrigger create \
    --name hello-mq-trigger \
    --function echo  \
    --mqtype nats-streaming \
    --topic greeting-topic \
    --resptopic greeting-response
trigger 'hello-mq-trigger' created
```

9.4 执行模式

FaaS 平台的一大特点是代码的按需加载以及执行。在 Fission 中有两种执行模式（Execute Mode）实现函数实例的按需创建。这两种执行模式分别为 Pool-based 模式以及 New Deploy 模式。

9.4.1 Pool-based 模式

为了实现代码的按需加载，Fission 提供了 poolmgr 这一组件。poolmgr 负责管理一个容器资源池，该资源池的容器并是不含有具体函数代码的 Environment 容器实例。当用户调用函数时，Fission 会将函数代码注入到容器资源池中的空闲容器实例中，这一过程称为特异化（Specialized）。当函数的容器实例空闲一段时间后，Fission 将清除该容器实例，回收相应的计算资源。Pool-based 模式的函数实例的管理是通过 poolmgr 组件实现的。由于存在一个预先准备的容器资源池，因此 Pool-based 模式函数的冷启动时间较短。Pool-based 模式是默认的执行模式。

9.4.2　New Deploy 模式

在 New Deploy 模式下，当用户创建函数时，Fission 将直接创建一个对应的 Kubernetes 的 Deployment 对象部署特定函数的容器实例。通过 Kubernetes 的弹性扩展特性 Horizontal Pod Autoscaler（HPA），函数的 Deployment 实现按需的特性伸缩。New Deploy 模式的实现完全依赖于 Kubernetes 原生的机制，实现相对简单。对比 Pool-based 模式而言，New Deploy 模式的函数启动时间相对较长，适合于一些对调用延时不敏感的调用，如异步调用。New Deploy 的优点是节省空闲的资源，因为其无须维护空闲的容器实例资源池。

用户可以在定义函数时指定其执行模式。如下面的例子所示，通过参数 --executortype 指定了该函数的执行模式为 New Deploy 模式。如果不指定，则默认为 Pool-based 模式。

```
$ fission function create --name echo --deploy echo.js \
    --env nodejs --executortype newdeploy
```

查看函数的详细信息，可以看到其属性 EXECUTORTYPE 的值为 newdeploy，说明该函数的执行模式为 New Deploy。

```
$ fission function list
NAME        UID                                      ENV    EXECUTORTYPE MINSCALE
    MAXSCALE MINCPU MAXCPU MINMEMORY MAXMEMORY TARGETCPU
echo        0d38581a-53fc-11e8-b9bf-0800278dc04d nodejs newdeploy        0          1
    0        0      0        0         80
```

函数创建成功后，如果你尝试访问函数就会发现函数返回的耗时比较长。但是第二次调用的耗时则大大减少。这是因为在 New Deploy 模式下，当函数被第一次访问时，Fission 需要为该函数创建新的 Deployment 和 HPA 对象以及容器实例，因此耗时较长。

```
$ kubectl get hpa -n fission-function
NAME              REFERENCE                   TARGETS       MINPODS   MAXPODS
    REPLICAS       AGE
echo-avuk5rs0     Deployment/echo-avuk5rs0    <unknown>/80%      1          1
    1             7m
```

9.5　Workflows

Fission 的 子 项 目 Fission Workflows（https://github.com/fission/fission-workflows） 为 Fission 提供了函数编排的能力。Fission Workflows 定义了一套基于 YAML 的函数流程编排规范。用户通过该规范可以对若干个 Fission 函数的执行顺序进行编排，并且支持加入条件分支。

9.5.1　Workflows 定义

在深入了解 Workflows 前，先来看看 Fission 项目的 Fission Workflows 定义的例子。

```yaml
# A whale that shows off how a if-condition works in a workflow
apiVersion: 1
output: PassAlong
tasks:
    InternalFuncShowoff:
        run: noop
        inputs: "{$.Invocation.Inputs.default}"

    IfShortEnough:
        run: if
        inputs:
            if: "{$.Invocation.Inputs.default.length < 20}"
            then:
                run: whalesay
                inputs: "{$.Tasks.InternalFuncShowoff.Output}"
            else: "{$.Tasks.InternalFuncShowoff.Output}"
        requires:
        - InternalFuncShowoff

    PassAlong:
        run: compose
        inputs: "{$.Tasks.IfShortEnough.Output}"
        requires:
        - IfShortEnough
```

这里 Workflows 的定义使用的是 YAML 格式。属性 output 定义了该流程最终执行的输出将从哪个执行任务取值。流程中的每一步都是一个任务（Task）。一个完整的流程由若干个任务组成。任务都定义在属性 tasks 之下。示例中定义了 InternalFuncShowoff、IfShort-Enough 以及 PassAlong 三个任务。

每个任务通过属性 run 指定该任务执行的 Fission 函数名称。属性 inputs 指定了函数执行时的输入参数来源。{$.Invocation.Inputs.default} 指的是流程的默认输入值。用户也可以引用其他任务的执行结果作为输入，如 {$.Tasks.InternalFuncShowoff.Output} 则是指任务

InternalFuncShowoff 的输出。从任务 IfShortEnough 的定义可以看到，Fission Workflows 支持逻辑判断的条件分支。流程根据用户指定的逻辑条件执行条件分支。

Fission Workflows 通过每个任务的属性 requires 来定义任务执行的顺序。属性 requires 定义了一个任务执行的前提条件，如任务 IfShortEnough 的属性 requires 的值设置为 Internal-FuncShowoff，这代表在任务 IfShortEnough 只有在任务 InternalFuncShowoff 执行成功后才会被执行。

9.5.2　配置 Workflows

Fission Workflows 是 Fission 的子项目，其默认没有随 Fission 的安装而被部署，需要额外安装。用户可以通过 Helm 安装和配置 Fission Workflows。下面将 Fission 的 Helm Chart 添加到本地 Helm 仓库中。

```
$ helm repo add fission-charts https://fission.github.io/fission-charts/ \
    && helm repo update
```

通过命令 helm install 安装和配置 Fission Workflows 的相关组件，这里以版本 0.2.0 为例。

```
$ helm install --wait -n fission-workflows fission-charts/fission-workflows
    --version 0.2.0
```

安装完毕后，查看 Kubernetes 的容器列表可以看到 Fission Workflows 的相关容器实例在运行。

```
$ kubectl get pod --all-namespaces|grep workflow
default              workflows-apiserver-6cb8bb597c-6175x
                                    1/1        Running    0          1m
fission-builder      workflow-84359-8dc8865d5-bjkrr
                                    1/2        Running    0          1m
fission-function     workflow-5b58d83b-5401-11e8-b9bf-0800278dc04d-ktkjatc8-6bbxgwlf
                                    2/2        Running    0          1m
```

9.5.3　Fortune Whale

Fission 项目提供了一个有趣的例子来演示 Fission Workflows 的功能，这个例子为 Fortune Whale。Fortune Whale 将通过调用若干个函数，最终将各个函数的结果拼接并输出成一幅类似于图 9-3 所示的字符画，画中是一头在喃喃自语的鲸鱼。

部署 Fortune Whale 所需的代码和配置文件可以从 Fission Workflows 的 GitHub 仓库中获取。

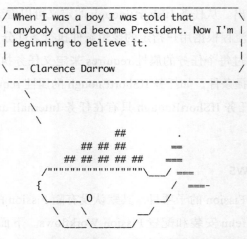

图 9-3　流程 Fortune Whale 的执行结果

https://github.com/fission/fission-workflows/tree/master/examples/whales

下面是 Fortune Whale 的流程定义文件 fortunewhale.wf.yaml 的内容。从定义可以看到，该流程一共有 3 个任务，InternalFuncShowoff、GenerateFortune 及 WhaleWithFortune。

任务 InternalFuncShowoff 将会调用 Fission 的内部函数 noop，这个函数不会做任何事情。任务 GenerateFortune 将调用 Fission 函数 fortune，函数 fortune 将调用一个 Linux 小程序 fortune，这个小程序将随机输出一段话。任务 GenerateFortune 的执行结果将被传递给任务 WhaleWithFortune 作为输入。任务 WhaleWithFortune 将执行 Fission 函数 whalesay。函数 whalesay 将调用一个 Linux 程序 cowsay，该程序将输出鲸鱼在说话的字符画，并将输入显示在鲸鱼说话的对话框中。

```
$ cat fortunewhale.wf.yaml
# This whale shows of a basic workflow that combines both Fission Functions
    (fortune, whalesay) and internal functions (noop)
apiVersion: 1
output: WhaleWithFortune
tasks:
    InternalFuncShowoff:
        run: noop

    GenerateFortune:
        run: fortune
        inputs: "{$.Invocation.Inputs.default}"
        requires:
        - InternalFuncShowoff

    WhaleWithFortune:
```

```
run: whalesay
inputs: "{$.Tasks.GenerateFortune.Output}"
requires:
- GenerateFortune
```

部署函数 fortune 及 whalesay 所需要的函数运行环境。函数 fortune 及 whalesay 是 Shell 脚本编写的，因此需要一个可以运行 Shell 脚本的 Environment。

```
$ fission env create --name binary --image fission/binary-env
```

创建函数 fortune 及 whalesay。参数 --env 指定了函数的执行环境为 Environment binary。

```
$ fission function create --name fortune --env binary --deploy ./fortune.sh
$ fission function create --name whalesay --env binary --deploy ./whalesay.sh
```

所引用的函数都创建完毕后就可以创建流程 fortunewhale 了。流程的创建和函数类似，从本质上来说，Fission Workflows 借用函数 Environment 和 Builder 机制来实现流程文件的解析和执行。参数 --env 指定了执行环境为 workflow。参数 --src 指定了文件 fortunewhale.wf.yaml 作为源代码。文件 fortunewhale.wf.yaml 记录了流程的定义。

```
$ fission function create --name fortunewhale \
      --env workflow --src ./fortunewhale.wf.yaml
```

流程 fortunewhale 创建完毕后，可以通过命令 fission function test 测试执行该流程。

```
$ fission function test --name fortunewhale
```

如果一切顺利，则可以看到如图 9-3 所示的字符画，画中的鲸鱼在喃喃自语。

9.6 本章小结

Serverless 框架 Fission 将 Kubernetes 变成了一个 FaaS 平台。Fission 通过 Environment、Function 和 Trigger 等逻辑概念屏蔽了 Kubernetes 底层容器的细节，使用户可以将关注点放在函数逻辑的实现上。

从架构上来看，Fission 引入了 poolmgr 管理一个预启动的容器资源池，这使得函数冷启动时间得到有效的缩短。Router 的引入为函数提供了一个默认的 HTTP 入口，使得 Fission 上的函数非常容易地对外暴露。

从功能上来看，Fission 支持多种编程语言的运行环境，并通过 Package 和 Builder 来满足需要编译和构建的函数的需求。此外，Fission 项目还提供了 Workflows 使用户可以实现函数编排。

Fission 和前文介绍的 Kubeless 有相似之处。Fission 和 Kubeless 都基于 Kubernetes 的 Serverless 框架，它们都利用了 Kubernetes 上已有的基础设施，如自定义资源、HPA、Deployment、ConfigMap 及 Secret 等。不同的是，相对于 Kubeless 而言，Fission 引入了更多自主的组件，如 poolmgr 和 Router。这些自定义的组件使得 Fission 的功能更加丰富。

Fission 项目还在不断地发展，目前 Fission 社区正在着手实现和当下被高度关注的微服务框架 Istio（https://istio.io/）的集成。未来用户可以通过 Istio 对 Fission 上的函数实例实现流量控制、过载保护和状态跟踪等功能。

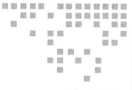

第 10 章 *Chapter 10*

OpenFaaS

OpenFaaS 是来自 Docker 社区的一款 Serverless 框架。OpenFaaS 利用 Docker Swam 和 Kubernetes 的容器编排能力为用户提供了一个 FaaS 计算平台。OpenFaaS 是一个非常活跃的开源项目，在 GitHub 上拥有很高的关注度。

10.1　OpenFaaS 项目

OpenFaaS（https://www.openfaas.com/）是一个开源的 Serverless 框架，如图 10-1 所示。OpenFaaS 最初是由 Docker 爱好者 Alex Ellis 所创建的一个基于 Docker Swarm 的 FaaS 框架。OpenFaaS 以容器作为 FaaS 函数的载体，这使其在火热的容器社区中很快受到了关注。OpenFaaS 的成功体现之一是其在推出后不久就获得了 InfoWorld 2017 年度最佳开源项目大奖。当年获奖榜单上还包括诸如 Docker 和 Kubernetes 等顶级开源项目。

图 10-1　开源 Serverless 框架 OpenFaaS

InfoWorld 2017 年最佳开源软件：https://www.infoworld.com/article/3227920/cloud-computing/bossie-awards-2017-the-best-cloud-computing-software.html#slide7。

OpenFaaS 项目发展迅速，目前在 GitHub 上已经有超过 10 000 个星（赞）。随着 Kubernetes 成为容器编排领域的事实标准，OpenFaaS 也增加了对 Kubernetes 的支持。这进一步提升了 OpenFaaS 项目的受欢迎程度。

10.1.1　OpenFaaS 社区

OpenFaaS 项目是一个很典型的开源成功故事，其从一个个人作品发展成为一个活跃的开源社区。目前有超过 60 位开发者在 OpenFaaS 的主项目中做贡献。OpenFaaS 社区提供了完备的文档和示例，这对刚入门的新手而言非常有帮助。

OpenFaaS Incubator（https://github.com/openfaas-incubator/）是 OpenFaaS 社区的一个技术孵化空间。OpenFaaS Incubator 中有许多新的想法和尝试。当这些新的想法和尝试成熟后，它们将会合并到 OpenFaaS 社区的主仓库中。

10.1.2　系统架构

图 10-2 展示的是 OpenFaaS 的技术堆栈构成。OpenFaaS 是基于容器的一个 FaaS 框架，函数实例的运行环境为容器环境。在容器编排层，OpenFaaS 同时支持 Docker Swarm 和 Kubernetes。OpenFaaS 支持通过 CNCF 的性能指标工具 Prometheus 来收集集群的性能指标，并实现监控告警。为了让函数可以被外部调用，OpenFaaS 提供了组件 API Gateway 用于管理函数对外发布的入口。Function Watchdog 是一个帮助用户将容器转换成函数应用的工具，其具体的功能将在后面的章节详细介绍。

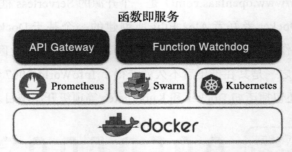

图 10-2　OpenFaaS 技术堆栈

10.2　初识 OpenFaaS

按照惯例，在深入了解 OpenFaaS 前，让我们先对 OpenFaaS 有一个直观的认识。Open-FaaS 最初以 Docker Swarm 作为基础的容器平台，随着 Kubernetes 的流行，OpenFaaS 也增加了对 Kubernetes 的支持。鉴于 Kubernetes 目前已经成为容器编排领域的事实标准，本书将重点介绍 OpenFaaS 在 Kubernetes 上的应用。

读者可以按照 6.4 节所描述的方法准备一个 Kubernetes 集群。OpenFaaS 的安装有两种方式，一种为通过项目提供的 YAML 在 Kubernetes 集群中创建所需的对象，另外一种方式是通过项目提供的 Helm Chart 安装。本书将以 YAML 文件直接部署 OpenFaaS 为例。

10.2.1　部署组件

OpenFaaS 的子项目 faas-netes 维护将 OpenFaaS 部署到 Kubernetes 上所需的配置文件。安装前将该项目的源代码下载到本地。

```
$ sudo apt-get update
$ sudo apt-get install git -y
$ git clone https://github.com/openfaas/faas-netes
```

进入 faas-netes 项目的目录，执行命令 kubectl apply，将 YAML 文件定义的 Kubernetes 实例化。从下面的示例输出可以看到，OpenFaaS 的部署创建了一个命名空间 openfaas，在该命名空间下创建了一系列的 Deployment、Service 以及设置权限的 Role 对象。

```
$ cd faas-netes
$ kubectl apply -f ./namespaces.yml,./yaml
namespace "openfaas" created
namespace "openfaas-fn" created
deployment.apps "alertmanager" created
service "alertmanager" created
configmap "alertmanager-config" created
deployment.apps "faas-netesd" created
service "faas-netesd" created
deployment.apps "gateway" created
service "gateway" created
deployment.apps "nats" created
service "nats" created
deployment.apps "prometheus" created
service "prometheus" created
configmap "prometheus-config" created
deployment.apps "queue-worker" created
serviceaccount "faas-controller" created
role.rbac.authorization.k8s.io "faas-controller" created
rolebinding.rbac.authorization.k8s.io "faas-controller-fn" created
```

稍等片刻，可以看到 OpenFaaS 相关组件的容器实例已经成功运行在 Kubernetes 上。

```
$ kubectl get pod -n openfaas
NAME                             READY   STATUS    RESTARTS   AGE
alertmanager-77f9f954fd-6t6km    1/1     Running   0          4m
faas-netesd-6bf5b55fbc-5ct8s     1/1     Running   0          4m
```

```
gateway-6597767766-dhkpf          1/1        Running    5        4m
nats-86955fb749-jq7rw             1/1        Running    0        4m
prometheus-57f977d8c7-cjwd5       1/1        Running    0        4m
queue-worker-9cbd7d665-pj185      1/1        Running    0        4m
```

10.2.2 命令行工具

OpenFaaS 提供了命令行工具 faas-cli 作为用户交互的途径，用户可以通过命令 faas-cli 创建和管理函数定义。通过下面的命令可以自动下载并配置 OpenFaaS 的命令行工具。

```
$ curl -sSL https://cli.openfaas.com | sudo sh
```

命令行安装配置完毕后，用户可执行命令 faas-cli 或者其别名 faas。执行命令 faas，就会看到 OpenFaaS 字符画以及命令的帮助信息。

```
$ faas-cli
   ___                   _____           ____
  / _ \ _ __   ___ _ __ |  ___|_ _  __ _/ ___|
 | | | | '_ \ / _ \ '_ \| |_ / _` |/ _` \___ \
 | |_| | |_) |  __/ | | |  _| (_| | (_| |___) |
  \___/| .__/ \___|_| |_|_|  \__,_|\__,_|____/
       |_|

Manage your OpenFaaS functions from the command line
------内容省略------
```

为了让 OpenFaaS 命令行可以连接到刚才搭建的 OpenFaaS 集群，需要设置环境变量 OPENFAAS_URL，让其指向在 Kubernetes 上运行的 OpenFaaS 的组件 Gateway。OpenFaaS 在部署时创建了一个 Service gateway。该 Service 是一个 NodePort Service，默认的 NodePort 端口为 31112。用户也可以将这个环境变量的定义加入到用户目录的文件 .bash_rc 中，以保证每次登录时这个变量都能被自动设置。

```
$ echo export OPENFAAS_URL=127.0.0.1:31112 >> ~/.bashrc
$ source ~/.bashrc
```

环境变量设置完毕后，执行命令 faas-cli list 可以列出集群中函数的列表。因为集群当前没有创建任何函数，因此返回的列表为空。

```
$ faas-cli list
Function                          Invocations          Replicas
```

10.2.3 创建函数

OpenFaaS 的服务端和客户端都已经配置完毕。但是目前 OpenFaaS 还没有任何函数。让我们在 OpenFaaS 上创建一些函数。

通过命令 faas-cli deploy 部署 OpenFaaS 项目提供的一些示例的函数。参数 -f 指定了将要部署的函数的定义文件。

```
$ faas-cli deploy -f https://raw.githubusercontent.com/openfaas/faas-cli/master/
  stack.yml
```

命令执行后，再次查看函数列表。可以看到 OpenFaaS 中已经存在一些新增的函数。

```
$ faas-cli list
Function                    Invocations              Replicas
nodejs-echo                 0                        1
ruby-echo                   0                        1
shrink-image                0                        1
stronghash                  0                        1
url-ping                    0                        1
```

当函数部署成功后，通过命令 faas-cli invoke 可以测试执行函数。下面的例子通过命令 echo 将消息"Hello OpenFaaS!"发送给函数 nodejs-echo。从下面的示例输出可以看到，函数 nodejs-echo 被成功执行并返回了调用的输入值。

```
$ echo 'Hello OpenFaaS!' | faas-cli invoke nodejs-echo
{"nodeVersion":"v8.9.1","input":"Hello OpenFaaS!\n"}
```

10.2.4　图形界面

OpenFaaS 提供了一个 Web 控制台，用户可以在这个图形界面的控制台上创建、调用和管理函数，如图 10-3 所示。部署 OpenFaaS 时，Web 控制台也默认被部署了。Service gateway 是一个 NodePort Service，因此在集群外可以通过 Kubernetes 节点的 IP 加上 Service gateway 的 NodePort 端口访问控制台界面。

10.3　OpenFaaS 函数

OpenFaaS 是一个 Serverless 框架，OpenFaaS 叠加 Kubernetes 后形成一个 FaaS 平台。FaaS 体系下的逻辑单元是函数。函数是 OpenFaaS 的核心概念，但是 OpenFaaS 却不像 Kubeless 和 Fission 那样存在一个具体的 Function 对象。在 Kubeless 和 Fission 中，Function 是 Kubernetes 上的自定义资源类型。在 OpenFaaS 中函数是逻辑上的概念。

10.3.1　抽象方式

Kubeless 和 Fission 引入 Function、Runtime/Environment 和 Trigger 等逻辑概念屏蔽底层容器的细节。OpenFaaS 的做法则相反，OpenFaaS 将容器相关的技术细节开放给用户。

当创建一个新的函数时，用户需要自行生成该函数的 Docker 镜像。这对于熟悉 Docker 容器的用户而言是一个好消息，这些用户可以很容易地理解和上手 OpenFaaS，这也是 Open-FaaS 迅速成功的因素之一。

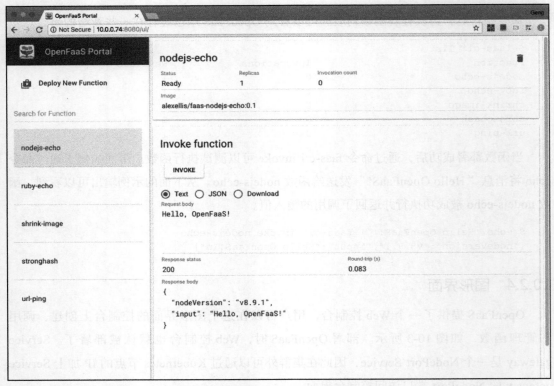

图 10-3 OpenFaaS Web 控制台

10.3.2 函数模板

我们将创建一个简单的函数，该函数将接受输入的两个数字，执行后返回这两个数字的和。首先创建一个文件夹以容纳该函数的相关源代码和配置文件。

```
$ mkdir func-sum && cd func-sum
```

在 OpenFaaS 中创建函数时不必一切从零开始，OpenFaaS 默认提供了一些编程语言模板。用户可以通过这些模板（Template）创建出函数的基本骨架，然后基于这个基础添加自定义的逻辑和代码。

通过命令 faas-cli template pull 下载最新的 OpenFaaS 模板。OpenFaaS 的子项目 templates 维护了 OpenFaaS 最新支持的模板。命令 faas-cli template pull 将会把 OpenFaaS 的模板下载

到本地。命令成功执行后，在当前目录下将生成一个文件夹 template，其中包含模板的内容。

```
$ faas-cli template pull
Fetch templates from repository: https://github.com/openfaas/templates.git
2018/05/19 07:33:06 Attempting to expand templates from https://github.com/
    openfaas/templates.git
2018/05/19 07:33:11 Fetched 12 template(s) : [csharp dockerfile go go-armhf node
    node-arm64 node-armhf python python-armhf python3 python3-armhf ruby] from
    https://github.com/openfaas/templates.git
```

模板下载完毕后，通过命令 faas-cli new --list 可以查看当前 OpenFaaS 默认提供的模板列表。从下面的示例输出可以看到，在本书完稿之时，OpenFaaS 默认提供 C#、Go、Node、Python 及 Ruby 等多种语言的不同版本。

```
$ faas-cli new --list
Languages available as templates:
- csharp
- dockerfile
- go
- go-armhf
- node
- node-arm64
- node-armhf
- python
- python-armhf
- python3
- python3-armhf
- ruby
```

10.3.3　创建函数

通过命令 faas-cli new 创建函数 sum。参数 --lang 指定了函数所使用的语言为 Python，参数 -p 指定的是函数容器镜像的前缀。

```
$ faas-cli new sum --lang python -p nicosoft
Folder: sum created.
```

```
Function created in folder: sum
Stack file written: sum.yml
```

命令执行完毕后，在当前文件夹下面将产生一个名为 sum 的文件夹，其中包含示例的代码文件。此外，命令还生成了一个文件，sum.yml。

文件 sum.yml 是 OpenFaaS 的描述文件，其中描述了这个当前函数的名称、API Gateway 的访问入口、编程语言、执行入口以及镜像名称。

```
$ cat sum.yml
provider:
    name: faas
    gateway: http://127.0.0.1:8080

functions:
    sum:
        lang: python
        handler: ./sum
        image: nicosoft/sum
```

文件夹 sum 中生成了示例的 Python 代码文件 handler.py。代码文件中定义了一个函数 handle，该函数接受一个输入参数 req，运行时 OpenFaaS 将把用户的输入通过参数 req 传递进来。用户可以修改这个示例的源代码文件，加入自定义逻辑。

```
$ cat handler.py
def handle(req):
    """handle a request to the function
    Args:
        req (str): request body
    """

    return req
```

为了实现求和功能，我们将文件 handler.py 的代码修改如下。下面的代码逻辑将读取用户输入的内容，并将其中有效的整数进行求和并返回。

```
import sys
def handle(req):

    list = req.replace('\n','').split(',')
    sum = 0
    for i in list:
        try:
            sum = sum + int(i)
        except:
            continue
    return sum
```

10.3.4　构建函数

函数的逻辑调整完毕后，还不能立即部署函数。在 OpenFaaS 中，在部署函数前，还需要构建函数。函数的构建包含函数代码的构建和函数容器镜像的构建。OpenFaaS 需要函数的容器镜像以部署和执行函数。

通过命令 faas-cli build 进行函数的构建。通过构建命令的输出可以看到，OpenFaaS 将调用 Docker 引擎进行 Docker 镜像的构建。参数 -f 指定了函数的描述文件 sum.yml。

```
$ faas-cli build -f ./sum.yml
```

构建执行完毕后，查看本地 Docker 镜像列表就可以看到刚才构建生成的容器镜像。

```
$ docker images|grep nicosoft/sum
nicosoft/sum                                                        latest
    006429c566c6          52 seconds ago        78.2MB
```

10.3.5　推送镜像

函数构建完毕后，下一步就可以将函数的容器镜像推送到镜像仓库了。在创建函数时，我们通过参数 -p 指定了函数镜像的前缀为 nicosoft，这意味着最终的镜像名为 nicosoft/sum。这个镜像名没有包含镜像仓库的地址，因此默认将会被推送到 Docker Hub 上。如果用户希望将镜像推送到其他镜像仓库中，可以修改文件 sum.yml。修改镜像名，加入镜像仓库的地址，如 registry.my-org.com/sum。nicosoft 是笔者在 Docker Hub 上的用户名，请读者将其修改为自己的 Docker Hub 用户名。

由于本例中将要把镜像推送到 Docker Hub，因此需要先登录到 Docker Hub。执行命令 docker login，输入用户名和密码进行登录。

```
$ docker login
```

成功登录 Docker Hub 后，就可以执行镜像推送的命令 faas-cli push 来推送镜像了。

```
$ faas-cli push -f ./sum.yml
[0] > Pushing sum.
The push refers to repository [docker.io/nicosoft/sum]
a65b200e317f: Pushed
------内容省略------
latest: digest: sha256:d20b0846e037f1e28f5655e0db527c8ad6eb35be94aa05b0f47d1509d
    775958e size: 3447
[0] < Pushing sum done.
[0] worker done.
```

10.3.6　部署函数

最后，当一切就绪后，执行函数的部署。部署完毕后，OpenFaaS 将返回一个可以调用函数的 URL。

```
$ faas-cli  deploy -f sum.yml
Deploying: sum.
```

```
Deployed. 202 Accepted.
URL: http://127.0.0.1:31112/function/sum
```

函数部署后，OpenFaaS 将在 Kubernetes 的命名空间 openfaas-fn 中生成对应的 Deployment 和 Pod 容器实例。

```
$ kubectl get pod --all-namespaces|grep sum
openfaas-fn    sum-677478d478-cjfcv          1/1    Running    0    16m
```

通过 OpenFaaS 的命令 faas-cli invoke sum 可以测试执行函数。从下面的示例输出可以看到，函数被成功执行并返回了输入值的求和结果。

```
$ echo 1,3,4,7,11 | faas-cli invoke sum
26
```

通过函数部署命令返回的 URL 地址，也可以触发函数的执行。

```
$ curl http://127.0.0.1:31112/function/sum -X POST -d '1,3,4,7,11'
26
```

10.4 Watchdog

Function Watchdog 是 OpenFaaS 函数容器的入口程序，它运行在每一个 OpenFaaS 的函数容器实例中，负责函数的执行和输入输出。

10.4.1 工作原理

从实现上来看，Function Watchdog 是由 Go 语言编写的简洁 HTTP 服务器，它将作为函数容器的启动程序，在容器实例的端口 8080 等待调用请求。如图 10-4 所示，当接收到调用请求后，Function Watchdog 将会生成（Fork）一个新的进程执行函数。调用请求的输入参数会以标准输入（STDIN）的方式传递给函数实例。函数实例执行完毕后函数的返回值将会通过 Function Watchdog 返回给调用方。

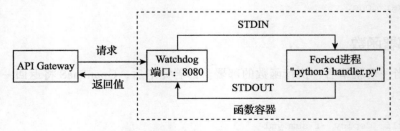

图 10-4　Function Watchdog 的工作机制

　　如果查看前面章节创建的函数 sum，可以看到函数构建后生成了一些构建的文件，其中包含函数容器镜像构建的 Dockerfile。Dockerfile 中定义了该容器的启动入口为 fwatchdog。

```
$ tail build/sum/Dockerfile
RUN pip install --user app -r requirements.txt

WORKDIR /home/app/
COPY function              function

ENV fprocess="python index.py"

HEALTHCHECK --interval=1s CMD [ -e /tmp/.lock ] || exit 1

CMD ["fwatchdog"]
```

10.4.2　配置 Watchdog

　　在某些情况下，为了满足某些场景的需求，用户可以调整 Function Watchdog 的配置。Function Watchdog 的配置是通过对环境变量的控制来实现的。Function Watchdog 默认提供表 10-1 所列举的环境变量。

表 10-1　Function Watchdog 环境变量

环 境 变 量	说　　明
fprocess	运行函数所执行的命令
cgi_headers	是否将 HTTP 请求的 Header 信息以环境变量的形式传递给函数。默认为启用
marshal_request	是否将请求格式化为 JSON
content_type	为返回值设定一个 Header 的 Content Type
write_timeout	返回函数返回值的 HTTP 超时时间。默认为 5 秒
read_timeout	读取输入的 HTTP 超时时间。默认为 5 秒
suppress_lock	Watchdog 是否在目录 /tmp 下创建锁文件。默认为启用
exec_timeout	函数执行的超时时间。默认值为 0，不限制执行时间
write_debug	是否将所有输出和错误信息都写入日志以方便调试。默认不启用
combine_output	是否将 STDOUT 和 STDERR 都写入返回值。默认为不启用，STDERR 默认写入容器日志

　　用户可以在函数的描述文件中加入所需要的环境变量定义。OpenFaaS 在构建函数时将使之最终传递给 Function Watchdog。下面的例子为函数 sum 添加了环境变量 write_debug: true，让函数执行时输出更详细的调试信息。重新构建、推送和部署函数后，函数的容器将会输出更详细的日志信息。

```
$ cat sum.yml
provider:
    name: faas
    gateway: http://127.0.0.1:8080

functions:
    sum:
        lang: python
        handler: ./sum
        image: nicosoft/sum
        environment:
            write_debug: true
```

10.4.3　of-watchdog

OpenFaaS 的 Function Watchdog 的工作机制类似于传统的 CGI（Common Gateway Interface），每处理一个请求都默认产生一个子进程。为了进一步优化性能，OpenFaaS Incubator 正在孵化一个全新的 Watchdog 实现，这就是 of-watchdog（https://github.com/openfaas-incubator/of-watchdog）。of-watchdog 的效率更高，对处理大文件输入和输出有更好的性能表现。of-watchdog 目前还在测试阶段，成熟以后将会替代目前的 Function Watchdog。

10.5　监控

10.5.1　监控指标

OpenFaaS 默认通过 Prometheus 收集函数在执行过程中的性能指标。如图 10-5 所示，通过 Prometheus 的 Web 控制台可以查看相应的监控指标。用户可以看到 Prometheus 默认提供的许多关于进程和调用的信息。针对函数调用，OpenFaaS 提供了一些自定义监控指标，如表 10-2 所示。

10.5.2　监控面板

虽然 Prometheus 的 Web 控制台提供了一些图表绘制功能，但是功能相对简单。Grafana（https://grafana.com/）是一款开源的监控软件，其特点是支持丰富和酷炫的图表展示，用户可以快速地构建出一个信息丰富的监控和管理驾驶舱。Grafana 经常用与 Prometheus 搭配使用，以展示 Prometheus 采集到的性能和监控指标。图 10-6 是基于 Grafana 的 OpenFaaS 的监控面板示例，该监控面板直观地展示了 OpenFaaS 上组件和函数的状态信息。

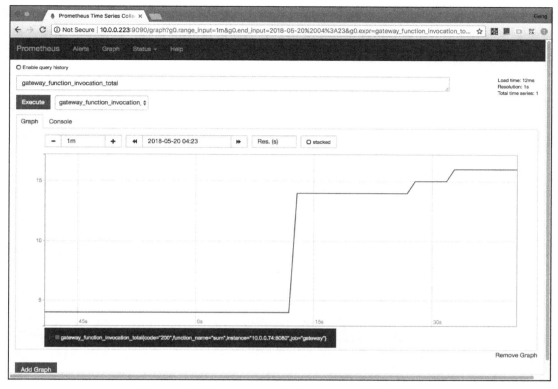

图 10-5　使用 Prometheus 查看 OpenFaaS 的监控指标

表 10-2　OpenFaaS Prometheus 指标

指 标 名 称	说　　明
gateway_function_invocation_total	各函数调用次数
gateway_functions_seconds_sum	各函数调用的总耗时
gateway_service_count	已发布的函数服务

Grafana 项目提供了 Docker Hub 的镜像，因此可以很方便地部署到 Kubernetes 上。

```
$ kubectl run docker --image=grafana/grafana:5.1.3 -n openfaas
$ kubectl expose deployment grafana --port 3000 -n openfaas
```

部署完毕后，通过 Grafana Service 的地址访问其 Web 控制台。默认的用户名和密码均为 admin。登录到 Grafana 控制台后，系统将提示需要添加数据源。

如图 10-7 所示，在添加数据源的页面，输入数据源的名称 OpenFaaS，数据源的类型选择 Prometheus。在 HTTP 的 URL 属性处填写 Prometheus 服务的访问地址 http://

prometheus:9090。这里使用 Prometheus 服务的服务名作为访问地址，因为 Grafana 容器运行在 Kubernetes 上，因此它能通过服务名解析到实际的服务 IP 地址。点击测试和保存按钮，保存数据源配置。

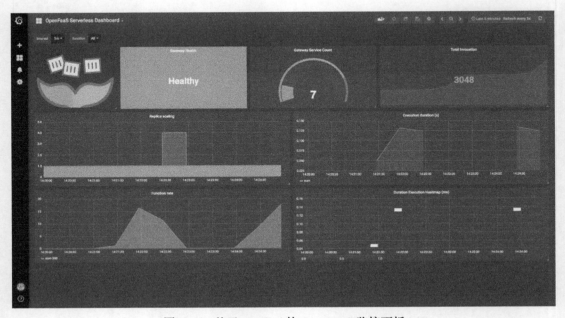

图 10-6　基于 Grafana 的 OpenFaaS 监控面板

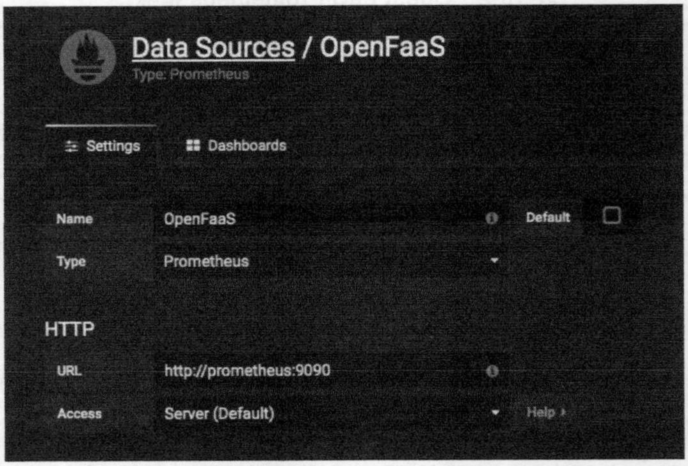

图 10-7　添加 OpenFaaS 数据源

数据源添加完毕后就可以调节监控面板的模板了。点击 Grafana 侧栏菜单的添加按钮，选择菜单项 import 导入监控面板模板。在导入界面中输入需要导入的模板 id，3434，这将导入 Grafana 模板仓库网站上的 OpenFaaS 预制模板（https://grafana.com/dashboards/3434）。如图 10-8 所示，在模板的参数界面中将数据源参数 faas 的值选择为刚才创建的数据源 OpenFaaS。一切无误后点击 import 按钮执行导入。如果一切顺利，你可以看到图 10-5 所示的 OpenFaaS 监控面板。

> 提示　如果出现无法获取监控指标的情况，请注意观察 Prometheus 相对的容器实例的状态是否正常。同时注意桌面主机和虚拟机的时间是否同步。

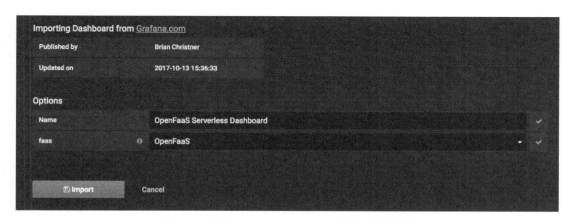

图 10-8　导入 OpenFaaS Grafana 监控面板模板

10.5.3　监控预警

通过 Prometheus 可以获取 OpenFaaS 的实时监控指标。用户可以根据这些监控指标进行监控预警。比如当某个指标到达一定的阈值时触发一个动作。OpenFaaS 利用 Prometheus 提供的 Alertmanager 实现监控预警的功能。用户可以在 Alertmanager 中添加自定义的监控预警规则。

关于 Prometheus 及其 Alertmanager 的更多使用信息，请参考 Prometheus 的官方文档。

Prometheus 官方文档：https://prometheus.io/docs/。

图 10-9 展示了当某个函数 10 秒之内的访问次数升高时，Alertmanager 规则被触发的情景。

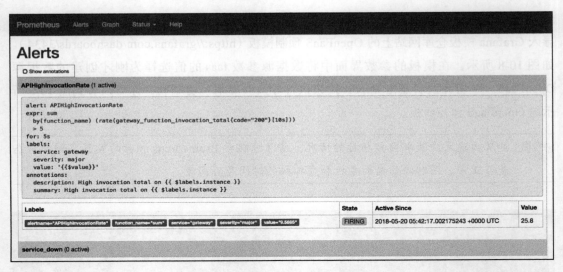

图 10-9 Prometheus Alertmanager

10.6 弹性扩展

弹性扩展是 FaaS 平台的基本功能。在 OpenFaaS 中有两种弹性扩展机制。一种是基于 Prometheus Alertmanager 实现的，另一种依赖于 Kubernetes 的 HPA。

10.6.1 基于 Alertmanager 扩展

OpenFaaS 默认的弹性扩展是基于 Prometheus 的 Alertmanager 实现的。OpenFaaS 在 Alertmanager 上设置了监控规则，当函数每秒的调用次数超过阈值时，Alertmanager 将通知 OpenFaaS Gateway。Gateway 接收到指令后将修改相关函数 Deployment 的 Replica 属性，增加更多的函数实例。当调用频率下降时，Gateway 将会降低函数 Deployment 的 Replica 属性的值，以减少副本数。

我们可以通过一个简单的实验观察 OpenFaaS 弹性扩展。先安装 Apache Httpd 的压力测试工具 ab。

```
$ sudo apt-get install apache2-utils -y
```

执行下面的命令为函数 sum 增加压力。下面的命令将通过 5 个并发线程向函数 sum 发送 1000 个请求。

```
$ echo 1,2,3,4 > data.txt
$ ab  -n 1000 -c 5 -p data.txt  http://127.0.0.1:31112/function/sum
```

　　增压命令执行后，打开另一个终端窗口观察容器实例的变化。从下面的示例输出可以看到，容器实例先是增加了以应对增加的访问量。当压力测试结束访问量下降后，容器的实例数量也自动减少了。

```
$ kubectl get  pod -n openfaas-fn -l faas_function=sum -w
NAME                      READY     STATUS       RESTARTS     AGE
sum-677478d478-98r2f      1/1       Running      0            10s
sum-677478d478-9mmb8      1/1       Running      0            10s
sum-677478d478-cjfcv      1/1       Running      1            21h
sum-677478d478-gvbjl      0/1       Running      0            10s
sum-677478d478-98r2f      1/1       Terminating  0            10s
sum-677478d478-gvbjl      0/1       Terminating  0            10s
sum-677478d478-9mmb8      1/1       Terminating  0            10s
```

10.6.2　基于 HPA 扩展

　　OpenFaaS 的函数通过 Deployment 部署在 Kubernetes 上。因此可以通过 Kubernetes 平台默认的弹性扩展机制 Horizontal Pod Autoscaler（HPA）对函数的容器实例进行基于 CPU 使用率的扩展。通过对 HPA 的自定义，用户还可以实现基于自定义指标的扩展。

10.7　函数应用市场

　　作为智能手机用户，你一定不会对软件市场感到陌生。通过软件市场，我们可以浏览和安装喜欢的软件应用。为了让用户可以方便地找到需要的 Serverless 函数应用，Open-FaaS 推出了 OpenFaaS Function Store（https://github.com/openfaas/store）。OpenFaaS Function Store 是 Serverless 函数的市场，如图 10-10 所示，用户可以发表、查找和安装所需要的 OpenFaaS 函数应用。

　　在下面的例子里，通过函数应用市场，笔者部署了一个 AI 的应用 Inception，该应用可以识别输入图片的内容。

　　图片来源：https://images.pexels.com/photos/104827/cat-pet-animal-domestic-104827.jpeg?auto=compress&cs=tinysrgb&dpr=2&h=750&w=1260。CC0 License，可用作个人和商业用途。

　　图 10-11 是一个可爱的猫咪的图片。我们可以将这个图片的地址发送给函数 Inception，测试 Inception 是否可以识别这个图片。

　　执行下面的命令，将猫咪图片的地址发送给函数 Inception。

```
echo 'https://images.pexels.com/photos/104827/cat-pet-animal-domestic-104827.jpe
    g?auto=compress&cs=tinysrgb&dpr=2&h=750&w=1260' |faas-cli invoke inception
```

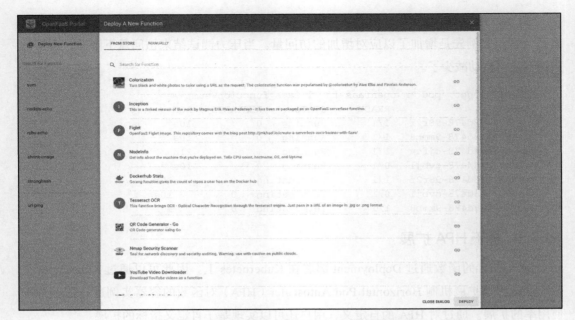

图 10-10　OpenFaaS Function Store 函数应用市场

图 10-11　AI 函数测试用图片

函数返回了结果显示这个图片有 71% 的可能是 Egyptian cat。Inception 函数成功下载并解析了图片。

```
[{"score": 0.7119895815849304, "name": "Egyptian cat"}, {"score": 0.07395969331264496,
    "name": "tabby"}, {"score": 0.01993151195347309, "name": "Siamese cat"}, {"score":
    0.015360682271420956, "name": "tiger cat"}, {"score": 0.013077682815492153,
    "name": "lynx"}, {"score": 0.006044519133865833, "name": "paper towel"}, {"score":
    0.0031292305793613195, "name": "washbasin"}, {"score": 0.0028002785984426737,
    "name": "carton"}, {"score": 0.0025655883364379406, "name": "plastic bag"},
    {"score": 0.0021972670219983862, "name": "water bottle"}]
```

通过函数 Inception 的例子，我们可以看到通过 OpenFaaS Function Store 用户可以很快速地将函数应用部署到 OpenFaaS 上。通过简单地点击几下鼠标，就可以将一个 AI 的服务运行在自己的笔记本或数据中心。在当前人工智能的浪潮下，AI 模型的开发和训练是一个关键领域。另一个重要的课题是如何能快速地将 AI 的能力发布给终端用户，类似于 OpenFaaS 这样的平台可以提供一些帮助。

10.8　本章小结

本章介绍了开源的 Serverless 框架 OpenFaaS。虽然同是 Serverless 框架，但是 OpenFaaS 和 Kubeless 以及 Fission 的设计理念有非常大的差异。Kubeless 和 Fission 倾向于隐藏容器的细节，让用户专注于代码。OpenFaaS 则是向用户开放更多的容器的细节，这使得熟悉容器的用户会感觉更加易于上手。Kubeless 和 Fission 都是基于 Kubernetes 的 Serverless 框架，而 OpenFaaS 则源于 Docker 社区，最早以 Docker Swarm 为基础。OpenFaaS 目前支持 Docker Swarm 和 Kubernetes 两种容器编排平台。

OpenFaaS 是一个非常活跃的开源项目，在 GitHub 上有较高的关注度。OpenFaaS 的创始人 Alex Ellis 非常专注于在社区中的推广。OpenFaaS 社区建立起了不错的规范，使得整个社区快速有序地向前发展。OpenFaaS 的文档非常完善，而且可以在社区中找到许多有用的教程和分享。总而言之，OpenFaaS 是一个不错的容器 Serverless 框架，构建简洁，易于上手。

第 11 章

Serverless 的落地与展望

通过前面的章节，我们探讨了 Serverless 架构的概念和实现。通过对各类公有云和基于容器技术的私有云的 Serverless 平台实现的探索，我们了解了不同 Serverless 平台的系统架构和组成。本章将探讨当前企业和组织需要拥抱 Serverless 架构所需要思考的一些问题。

11.1　Serverless 的落地

本书在开篇第 1 章介绍了 Serverless 的概念，Serverless 是云计算时代的一种软件架构方式。在 Serverless 架构下，用户无须关心运行应用的底层服务器的维护和管理。

当我们说要将 Serverless 付诸实践时，我们要充分地理解 Serverless 的内涵，在现实中 Serverless 到底包括哪些东西，以及在向 Serverless 架构转型的过程中，哪些内容应该是包括在这个过程当中的。

Serverless 架构的中心思想是摆脱对基础架构的资源的管理，不管这个资源是服务器、网络还是存储。摆脱基础架构运维的重担，用户可以更关注业务的实现，最终实现更大的效率提升。为了达到"无服务器化"的这个愿景，用户需要提供计算和服务的 Serverless 平台，还需要契合 Serverless 架构的应用软件架构和开发模式。因此，在 Serverless 落地的过程中，至少包括两个方面，一是 Serverless 平台的建设，二是应用软件的架构转型。

对于 Serverless 架构的实现，Serverless 平台起到了非常关键的作用。前文介绍过，当前从功能上来看，一个完备的 Serverless 平台包含两个部分，即 FaaS 和 BaaS。FaaS 为

Serverless 应用提供计算资源。用户在 FaaS 上编写事件驱动的代码片段，FaaS 平台负责将用户的代码在合适的时间运行在合适的主机上。现代的应用不是孤立存在的，应用往往依赖于第三方的服务，如数据库、缓存、身份认证及数据分析等服务。这些服务也都应该无服务器化，并通过一个 BaaS 平台提供。用户按需调用且无须运维。Serverless 平台的存在是 Serverless 应用实现的基础。

　　Serverless 平台是 Serverless 架构的重要基础，但是对企业价值更大的是平台上运行的应用。毫无疑问，企业最大的关注点是对其收入影响最大的核心业务。应用是业务在 IT 中的体现。在高度信息化的今天，应用承载了大部分企业的核心业务。为了实现 Serverless 架构的愿景，应用的架构也必然需要从传统的应用架构转变成更切近 Serverless 要求的架构模式。这个转变，需要架构师和程序员掌握 Serverless 相关的知识和思想，需要在企业中建立新的应用架构设计、软件开发和管理的规范。

11.2　Serverless 平台建设

　　Serverless 平台为 Serverless 应用提供了计算资源和依赖服务，是 Serverless 架构实现的基础。目前业界既有公有云的 Serverless 平台，如 AWS 和 Azure 等，也存在可以在私有云部署的平台和框架，如 OpenWhisk、Kubeless、Fission 和 OpenFaaS。公有云和私有云的 Serverless 各有特点。

11.2.1　公有云

　　前文介绍了公有云的 AWS Lambda 和 Azure Functions。通过公有云的 Serverless FaaS 平台，用户无须投入时间和精力在平台的建设上，便可以快速地投入到 Serverless 应用的开发。而且各大公有云平台上存在各种类型的存储、消息、安全和网络等服务，使得 Serverless 应用的开发得到很好的支持。目前各大公有云平台对 Serverless 应用的按执行时间收费，也使得在费用上而言，使用 Serverless 架构相对于使用传统的云虚拟机服务要低。

　　公有云 Serverless 平台的便利性是源于公有云 Serverless 平台往往是一个完全的托管服务，用户对平台没有管理的权限。用户往往只是该平台的租户之一，因此不能按自己的想法增加或者调整功能。

　　对于公有云 Serverless 平台，另一个普遍存在的忧虑是厂商锁定。用户担心会被某个 Serverless 平台所绑定，担心其上的应用要付出很大的代价才能被移植到其他 Serverless 平台上。因此，有实力的用户会考虑混合云的策略。关于混合云的话题，我们将在后面展开讨论。

11.2.2 私有云

Serverless 的兴起源于公有云。Serverless 架构的核心理念是用户无须运维基础架构，这和公有云的理念是非常契合的。在私有环境中构建 Serverless 平台，意味着用户需要负责运维 Serverless 底层的基础架构。在私有数据中心中构建 Serverless 平台是否有价值呢？

虽然在私有环境中用户需要负责运维平台底层的基础架构，但是涉及运维工作的是运维团队，而平台的最终用户（如开发团队）则无须关系底层的基础架构，因此应用开发的效率可以得到提升。相对于公有云的 Serverless 平台而言，用户对私有环境中的 Serverless 平台有着绝对的控制权，可以根据自身的需要进行定制。

此外，通过 Serverless 架构按需加载执行的特点，可以使得企业内计算资源的利用率进一步提升。基于虚拟机的模式下，不管应用空闲与否都需要占用若干个虚拟机实例，消耗 CPU、内存和存储资源。

对企业应用集成而言，Serverless 架构基于函数计算模型和分布式的架构将带来一种的新的模式。传统的企业应用集成（Enterprise Application Integration，EAI）大多数基于集中式的集成平台实现，如企业服务总线（Enterprise Service Bus，ESB）。在微服务时代，业界提出分布式应用集成模式，即通过一个个微服务实现应用集成的逻辑。一般意义上的微服务还是一个完整的应用。通过 Serverless 平台，用户可以直接编写实现集成逻辑的函数逻辑。Serverless 平台在一个分布式环境中执行这些集成逻辑，而且为这些集成逻辑提供可伸缩的计算资源。Serverless 应用可以成为企业应用与应用之间更高效的"粘合剂"。

从技术上来说，容器技术的日趋成熟也使得在私有环境中搭建 Serverless 平台变得空前容易。正如本书介绍的几个通过 Kubernetes 实现的 Serverless FaaS 平台，在私有环境中构建 Serverless FaaS 平台并非遥不可及。

Kubernetes 推出了基于 Open Broker API 实现的 Service Broker 和 Service Catalog，这使基于 Kubernetes 和 OpenShift 这样的容器平台可以很容易和第三方数据库或者存储等各类服务实现集成。对应用开发而言，通过 Service Broker 可以快速获取需要的后端服务，并对接到应用实例中。

11.2.3 混合云

公有云和私有云类似于太极中的一阴一阳，它的许多优点恰恰是对方的缺点，而许多缺点却往往是对方的优点。公有云和私有云的选择并不是非黑即白的。许多用户的做法是既构建私有云，也使用公有云，而且往往使用不止一个云平台供应商的公有云服务，这就是所谓的混合云策略。

选择推行混合云策略的客户往往都具有比较强的实力，基于业务的安全、可用性以及行业监管等因素，他们需要对基础架构有更好的控制力。但是行业的竞争又让他们必须做到更快、更高效的 IT 交付。混合云的策略使得用户可以在控制力和效率之间取得一个平衡点，比如，有的用户以私有云平台作为提供业务的基础，当业务繁忙时，再以公有云的资源作为补充的计算资源。

混合云模式涉及应用和数据迁移的问题。私有云和公有云的架构存在着差异，如何快速地将应用从私有云扩展到公有云是一个必须要解决的问题。Serverless 应用很大程度上依赖于 Serverless 平台。如果私有云和公有云的 Serverless 平台差异很大，那么势必会让应用迁移的代价变高。

1. 多公有云模式

混合云有多个模式，可以是同时使用多个公有云的 Serverless 服务，也可以是私有云和公有云服务的混用。目前 AWS、Azure、Google Cloud Platform、阿里云和腾讯云都提供了 Serverless 计算平台及后台服务，如数据库、消息队列和数据分析等。在一个平台上的公有云服务，往往在另一个云平台上都有相应的竞品存在。

同时使用多个不同云供应商的公有云 Serverless 服务的优点是使得应用运营的风险更可控并使应用具有更高的灵活性。例如，当用户所使用的某一个公有云供应商出现了大规模故障时，用户的 Serverless 应用所受到的影响相对于使用单一平台而言较低。

这种模式的缺点是同时使用多个公有云服务，在设计 Serverless 应用时，用户要花费更多的精力确保该应用可以兼容不同的 Serverless 计算平台，要确保该应用所依赖的各类后台服务在不同的云平台上都有替代品。如图 11-1 所示，用户在开发 Serverless 应用时要保证代码的通用性。对依赖的后台服务要通过抽象层对具体实现进行抽象，使得 Serverless 应用可以运行在不同的云平台之上。为了提升应用运维的效率，用户还需要可以兼容多个云平台的部署和管理工具。

另一种可行的做法是，通过在不同的公有云上构建 Kubernetes 或者 OpenShift 叠加 OpenWhisk、Kubeless、Fission 和 OpenFaaS 等基于容器的 Serverless 框架，打造一个跨越不同云架构的 Serverless 平台。容器化的 Serverless 平台屏蔽了底层不同云平台的差异，使得用户的 Serverless 应用更容易地在不同的云环境中迁移。

2. 私有云和公有云混用模式

私有云和公有云混用的模式在许多有一定规模的用户中非常常见。私有云给用户更多的控制权。某些行业，如金融行业，存在硬性的行业规范。私有云更容易满足这些行业用户合规的需求。另一方面，公有云海量的资源和灵活资源利用方式为用户提供了便利性。一些非敏感类的业务，通过公有云资源可以快速地扩展服务能力，提升企业的竞争力。目前，国内许多有规模企业的思路是以私有云为核心，公有云为辅助。

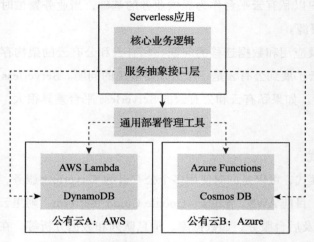

图 11-1　多用场景下的 Serverless 应用

在私有云和公有云混用的场景中，需要解决应用和数据在不同环境之间的迁移。AWS 和 Google 的 Serverless 平台目前只提供在线的公有云服务，没有私有云部署的选项。微软的 Azure 既提供了公有云的服务 Azure Functions，也提供了可以在私有云部署的 Azure Function Runtime。因此 Azure 的用户可以相对容易地在私有云和公有云之间部署基于 Azure Functions 的 Serverless 应用。IBM Cloud Functions 基于开源的 OpenWhisk，因此在私有云环境中使用 OpenWhisk 搭建 Serverless 计算平台，在其上开发的应用也可以较容易地迁移到 IBM Cloud Functions 上。此外，用户也可以在私有云和公有云上基于 Kubernetes 或者 OpenShift 和 Kubeless、Fission 及 OpenFaaS 等框架搭建 Serverless 平台。这些 FaaS-netes 平台使得 Serverless 应用的迁移变得更加便利，如图 11-2 所示。

图 11-2　基于容器的私有云与公有云混用模式

11.3　Serverless 应用架构转型

Serverless 云平台就像一个戏台，这个戏台上面的主角是承载了企业具体业务的应用。传统应用和 Serverless 应用在架构上存在着巨大的差异。在 Serverless 架构下，现有应用的迁移和新应用的设计需要企业内的架构师和开发人员掌握 Serverless 架构的特点、设计原则以及最佳实践。

11.3.1　开发模式

在 2000 年以前，软件的开发模式大多基于经典的瀑布模型。如图 11-3 所示，在瀑布模型中，软件开发将经历一个漫长的开发、测试及上线的过程。2000 年后，随着全球化经济的迅猛发展，基于传统的瀑布式模型进行软件开发已经难以跟上市场的快速变化。敏捷开发（Agile Software Development）倡导更高效的软件开发模式。敏捷开发将软件开发由一个漫长的周期变成由若干个周期较短的迭代（Iteration）组成，如图 11-3 所示。每一个迭代都包含开发、测试和交付等环节。通过周期较短的迭代，使得产品可以更快地推向市场。通过一次次的迭代，不断修正对市场需求的理解。敏捷开发拥抱变化，这使得软件开发的风险更可控，并最终提升所交付的软件的质量。

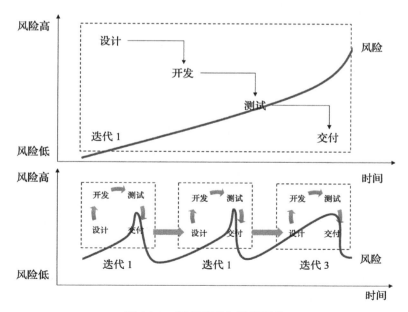

图 11-3　瀑布模型与敏捷开发

敏捷开发使得软件交付的周期变得更短。由于迭代的周期较短，因此在相同的时间周期内，敏捷开发下软件的交付次数将高于传统的瀑布模型。更频繁的交付为交付质量带来了挑战。为了提高交付质量，敏捷开发倡导持续集成（Continuous Delivery），即更频繁地对软件组件进行集成构建、部署和测试。

Serverless 架构是一种全新的软件架构方式，虽然其有各种各样独有的特点，但是 Serverless 应用和传统的软件应用一样，软件的设计、开发到交付需要经历一个完整的软件生命周期，需要通过具体的手段保证应用的交付质量。敏捷开发拥抱变化、持续改进以及快速迭代的思想在 Serverless 应用开发的过程中将仍然适用。Serverless 应用的交付质量将受益于敏捷开发所使用的具体工具和方法，如结对编程（Pair Programing）、测试驱动开发（Test-driven Development，TDD）以及持续集成与交付（CICD）等。

1. 开发调试

Serverless 应用的运行环境在远端 Serverless 云平台上，开发人员的本地开发环境中并没有 Serverless 应用运行所需要的环境。因此，默认情况下应用调试需要连接远端环境进行远程调试。但是，目前大部分的开发人员还是习惯在本地进行代码开发和调试。为了提高开发调试的效率，一些 Serverless 平台提供了本地开发调试环境，如 AWS SAM Local 和 Azure Functions Core Tools。这些工具在开发人员的本地开发环境中模拟云端的应用运行环境，为开发人员提供本地调试的体验。

Azure Functions Core Tools GitHub 仓库：https://github.com/Azure/azure-functions-core-tools。

---

2. 单元测试

为了保证交付质量，测试是软件开发中必不可少的环节。无论你选择用哪一种语言进行 Serverless 应用的开发，在编写代码的同时也应该编写与之对应的单元测试（Unit Test）用例。通过单元测试使得 Serverless 应用的函数逻辑有检验的标准，便于日后应用的维护。Serverless 应用的单元测试可以是不依赖于远端云服务的本地测试用例，也可以是依赖于实际使用的云服务的测试用例。对本地测试用例而言，可以通过模拟的方式满足测试输入和依赖的要求。

3. 持续集成

如果我们所开发的软件出现了问题，最好的情况是尽可能早地发现这个问题，并予以修复。这样将最大程度地降低风险和节省成本。通过持续集成，更频繁地将应用的各个模块进行完整部署并测试，更早、更快地发现和修复问题，提升最终的交付质量。持续集成不仅仅适用于传统的应用，也适用于 Serverless 应用。你可以使用你所熟悉的持续集成工具（如

Jenkins）对 Serverless 应用进行持续集成，也可以尝试一些专门针对 Serverless 应用量身定制的持续集成工具，如 LambCI 或 Microsoft VSTS。持续集成的流程中往往包含单元测试和集成测试的执行。本地调试环境使得 Serverless 应用可以在本地被执行和测试。但值得注意的是，虽然本地调试环境可以非常接近于实际的云运行环境，但是实际上两者不可避免地存在着各种差异，因此建议应用测试用例中应该包含运行在实际 Serverless 云平台上的测试场景。

4. 应用部署

Serverless 应用无须部署到具体的主机之上。一般而言，用户可以通过平台所提供的部署工具进行部署。对于同时使用多种不同 Serverless 平台服务的用户，可以通过如 Serverless Framework 等工具简化部署的复杂度，实现多平台的统一部署。由于 Serverless 应用的部署无须对具体主机进行任何操作，因此 Serverless 应用的部署效率将会更高，更易于实现自动化部署和持续部署。

Serverless 应用是否需要实现持续部署，这往往不仅是一个技术问题，还涉及开发团队的文化、管理风格和业务目标优先级。

11.3.2　设计原则

在过去的许多年里，我们编写的应用程序的运行环境往往局限于一个操作系统或者一个虚拟机上。各个功能函数之间的沟通大都在一台主机的内存中完成，各个功能都共享同一台主机的 CPU 和存储资源。Serverless 架构使得一个包含成百上千台主机的云平台成为一台巨大的计算机，组成一个应用的函数离散地分散在不同的主机上。我们编写的应用的运行环境突破了主机的界限，运行在这台巨大的计算机之上。为了充分发挥 Serverless 架构的优势，在设计 Serverless 应用时必须针对 Serverless 架构的特性进行调整。下面是 Serverless 应用设计时需要参考的设计原则。

- ❑ 每一个函数专一地实现一个功能。函数的实现保持简单，便于扩展、维护和管理。这和微服务的理念是相似的。
- ❑ 函数处理请求不依赖于函数自身的状态。无状态的函数使函数应用的性能有更高的可伸缩性，在处理海量请求时有更佳的性能表现。
- ❑ 实例扩展不影响函数执行。函数在被扩展成若干个实例后，并不影响各个函数独立执行。函数应用中的函数必须要设计为可以弹性伸缩的。
- ❑ 通过抽象的接口访问外部资源。当函数访问外部服务获取资源时，通过抽象的接口屏蔽具体服务的 API 和细节，这使得后续替换和变更依赖服务时更加容易，从而增强函数应用的健壮性。

❑ 函数不依赖于具体平台的专有功能。避免因为依赖于某一个专有的功能，而与某个平台绑定，使应用具有较高的可迁移性。函数可以在本地或远程测试。保证函数可以被有效地测试和验证。函数应用和传统的应用一样，需要有效的质量管控。

❑ 函数与其依赖的服务均无服务器化。确保用户无须运维函数应用本身与其所依赖的外部服务的基础架构计算资源。

以上设计原则虽然并不是金科玉律或者不可触碰的底线，但是满足这些设计原则的 Serverless 应用有更好的扩展性，可以更容易地被迁移和管理，而且在处理海量请求时有更强的健壮性。

11.3.3 迁移与重构

企业中现有的单体应用和微服务应用是否可以改造移植成 Serverless 应用呢？通过整体移植（lift-and-ship）的方式直接迁移似乎可以节省很多时间。回答这个问题，我们需要考虑两个方面，即"能不能"和"该不该"。

从技术上看，Serverless 函数应用、单体应用以及微服务在本质上都是运行在现代主流软件和硬件上的应用程序，它们的区别在于不同的颗粒度。落到最实处，Serverless 函数的运行环境，无外乎是 Linux 或者 Windows 虚拟机或者容器。这个运行环境自然也可以适用于运行对应的单体应用和微服务。根据这个原理，用户可以简单地将单体应用和微服务进行打包，并发布成若干个 Serverless 函数，如图 11-4 所示。

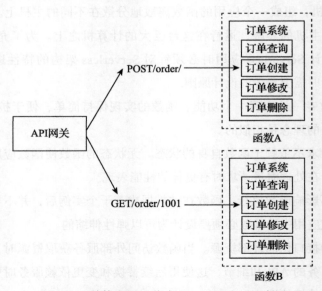

图 11-4　单体应用迁移成 Serverless FaaS 应用

由于单体应用、微服务和函数应用的颗粒度不同，因此这三类应用的启动时间以及所消耗的 CPU、内存等计算资源是不相同的。如果一个单体应用的启动和加载时间需要 8 分钟，那么该应用的启动时间已经超过了许多 Serverless FaaS 平台默认的执行超时时间。这样的单体应用显然并不合适直接迁移成 Serverless 函数。此外，单体应用和微服务应用中往往存在多个功能。这意味着当执行某个功能时，其他无关的功能同时也会被加载到内存中，消耗计算资源。再者，许多传统的单体应用被设计成有状态的应用，这使得用户在迁移过程中需要考虑如何进行状态的保持，比如通过外部缓存或者存储等手段，这就增加了迁移和后期维护的成本。

因此，当考虑将单体应用或者微服务应用改造迁移成 Serverless 函数应用时，建议首先考虑技术上是否可行，这些应用的启动加载时间、部署包的大小、运行中消耗的 CPU、内存以及磁盘空间、请求执行时长等有没有超出目标 Serverless 平台的技术规格限制。如果有一项超出了平台技术规格限制，那么就不具备迁移的技术可能性。

如果一个单体应用或微服务应用具备了迁移的技术可能性，那么下一步需要考虑迁移的收益，即衡量是否值得这么做。迁移后是否能保持良好的用户体验、是否能满足 SLA 的要求、无关功能的计算资源消耗比率等。如果衡量利弊后可以接受，那也并非完全不可为之举。

将原有应用改造成 Serverless 函数应用的做法存在着比较大的挑战和风险。从头开始重构应用固然耗时耗力，但是由于历史包袱相对较少，根据 Serverless 架构的原则进行重新设计，相对而言，难度和风险都较低。而且开发出来的应用符合 Serverless 架构的要求，在后续的用户体验和应用运维上更有优势。

在推行 Serverless 之始，应选取一个合适的场景，通过重造的方式设计和实现 Serverless 应用可以让开发团队更好地了解和掌握 Serverless 应用设计的要点，树立信心，便于 Serverless 在企业内的推广和实践。

11.4　Serverless 的未来

Serverless 架构的流行不过短短数年，但是由于受到了很高的专注度，因此 Serverless 这一领域的发展非常迅速，新的平台、框架、工具和思想在不断地涌现。对于相信 Serverless 可以为自己带来价值的用户以及已经投资在 Serverless 领域的服务提供商和技术人员而言，这个高速发展领域的最终发展方向毫无疑问是他们非常关心的问题。从目前的情况来看，Serverless 的发展将会不断完善其应用开发、测试和部署整体流程的用户体验和效率。由于 Serverless 领域的服务商和用户的数量不断地快速增长，这一领域也必然将出现相应的行业规范，以避免技术和市场的过度碎片化。同时，Serverless 将会和云计算的基础技术，如容器，进行进一步整合。

11.4.1　建立行业规范

Java 是一个非常成功的编程语言，在过去的数十年里已发展成为使用范围最为广泛的企业应用开发语言。Java 的成功并不完全因为其技术上的优点，最大的因素是 Java 是一个基于规范的编程平台。Java 通过社区委员会建立了一系列的规范，这一方面使得厂商可以根据规范建立不同的 Java 产品，如虚拟机和应用服务器等，另一方面，用户编写的 Java 程序可以便捷地被部署在符合规范的不同 Java 实现上。比如，通过 WAR 这种格式，用户可以将应用部署在 Tomcat、JBoss 或者 WebLogic 等应用服务器上，尽管这些平台来自不同的软件厂商。对于用户而言，这提高了应用的可移植性，降低了被厂商锁定的风险，同时带来了更高的灵活性。Java 并不是建立行业规范的唯一受益者，近期大家高度关注的容器也是如此。容器标准化组织 Open Container Initiative 的出现，使得容器技术的实现有了可参考的行业规范。这让容器技术不会被少数几个厂商所把持，用户的容器可以运行在更多不同的容器平台上，让用户有更多的选择。

Serverless 架构如果要获得成功就必须获得更多用户和厂商的认可。Serverless 领域需要如 Java 社区和容器社区那样的行业规范让用户所开发的 Serverless 可以方便地部署和运行在不同的 Serverless 平台上。行业规范的存在也让各个云服务供应商在竞争的同时保持一种求同存异的默契，以避免这个领域的技术和市场被碎片化。

云原生应用的标准化组织 CNCF 关注到了 Serverless 的快速发展，在 2017 年组成了专门针对 Serverless 的工作小组 Serverless WG。Serverless WG 梳理了 Serverless 技术的发展现状和技术特征，发布了 Serverless 技术白皮书以及全景图。

CloudEvents 是 CNCF 的一个子项目，CloudEvents 的目的是规范事件的格式，让应用开发人员可以更容易地处理来自不同平台和应用的消息事件。Serverless 应用在很大程度上基于事件驱动架构，CloudEvents 的建立可以帮助 Serverless 应用接收和处理来自不同云平台和云服务的事件信息，降低事件处理的复杂度。CloudEvents 在 2018 年初推出了0.1 版本。目前已经有厂商基于这个规范提供具体的产品实现，如 Azure 的 EventHub 以及Serverless Framework 的 EventGateway。

除事件之外，Serverless 应用的部署也需要一种更标准的格式。通过这个格式用户可以打包不同语言实现的 Serverless 函数，描述其特性及依赖，并将其部署到不同的平台上。本书介绍了几种公有云和私有云的 Serverless 平台，可以看到这些平台的实现有相似之处，但是也存在许多差异。针对一种平台开发的 Serverless 应用要迁移到另一个 Serverless 平台需要一定的工作量，而且每个平台的部署都有自己的工具和命令格式。一种通用的部署格式和规范将会有效提高用户的使用体验，还会提高工作效率。

目前，几乎所有的主流公有云 Serverless 平台的厂商以及开源云技术的领军企业都是 CNCF 的成员。相信随着类似 CNCF 这种标准化组织的介入，Serverless 这一领域将会出现更多通用的行业规范。基于这些规范，用户的 Serverless 应用可以有更高的可迁移性，以及更好的部署和运维体验。

11.4.2　完善工具链

有别于传统应用，Serverless 应用的运行环境在云端，这使得 Serverless 应用的开发、测试和部署都有别于传统应用。Serverless 应用的开发仍然需要考虑到开发人员的用户体验和效率。Serverless 应用需要通过持续集成和测试保证软件的质量，需要通过完善的监控和运维确保应用的服务质量。所有这些都需要有相应的工具来支撑。

在应用开发方面，开发人员是应用开发的核心，一个便利的环境是进行高效 Serverless 应用开发的基础。当前已经有许多主流的开发工具提供了与 Serverless 平台的集成，用户可以在 IDE 中完成 Serverless 应用的开发和调试，比如，目前非常受欢迎的开发工具 VS Code 已经提供了与 Azure Functions 的集成。AWS 和 Azure 提供了本地的测试开发环境以帮助用户在本地开发环境中进行函数的测试，从而提升用户体验和开发效率。

应用监控是应用运维中重要的一环，通过监控用户可以快速发现问题并予以修复。Serverless 应用也必须配套相应的监控系统。在公有云 Serverless 平台上，云供应商都配套了相应的方案，如 AWS 的 CloudWatch、X Ray 及 Azure 的 Application Insights。这些监控方案为用户提供了关于 Serverless 应用的详细信息。由于监控的重要性，除了云供应商提供的方案之外，市场上也出现了针对 Serverless 应用监控的产品。

总体来看，一个 Serverless 应用的成功运营，需要关注应用的开发、测试、部署、安全、监控、性能等各方面的问题。随着 Serverless 的流行，在市场上将会出现越来越多的产品和方案，以满足 Serverless 用户在各个方面的需求，让用户在运营 Serverless 应用时更加高效和便捷。从另一个角度来看，伴随着 Serverless 架构的流行也出现了一些商业机会，可以围绕 Serverless 应用提供一系列的开发和运维的支持工具和服务。

11.4.3　深入结合容器

毫无疑问，容器已经成为云计算一项重要的基础技术。目前容器的部署量仍然在不断高速地增加。正如本书所介绍的几种可以在私有云中部署的 Serverless 平台，它们无一例外地都使用容器作为底层运行环境。随着时间的推移，容器将会成为 Serverless 平台上标准的运行环境，用户的函数都将运行在一个个容器之中。使用容器作为底层的运行环境有许多优点，如可以更好地在本地模拟云端的执行环境，更容易打通本地与云上开发与运维流程。容器比虚拟机更为轻量，在快速扩展的场景下将会有更好的表现。

容器将影响 Serverless 的实现，反过来，Serverless 也将影响容器的使用方式。Serverless "去基础架构化"的思想结合容器后产生了如 Azure Container Instances 和 AWS Fargate 这样的 Serverless 容器集群服务。通过 ACI 和 Fargate，用户可以获得使用容器所带来的便利和优势，同时又免除了管理基础架构的烦琐，最终实现了效率的提升。

Kubernetes 是当前容器编排的事实标准。Kubernetes 项目的创始人 Branden Burns 曾撰文称 Kubernetes 的未来将会是 Serverless。Kubernetes 不仅仅会成为各类 Serverless 框架的底层基础平台，它还将与公有云平台进行更深入的整合，接入公有云海量的资源。Virtual Kubelet（https://github.com/virtual-kubelet/virtual-kubelet）是一个开源项目，是 Kubernetes 在 Serverless 方面的一个探索。通过 Virtual Kubelet，Kubernetes 可以接入公有云平台的资源，在需要时自动扩展出更多的计算节点处理服务请求，而用户无须管理具体的计算资源。

《 The Future of Kubernetes Is Serverless 》原文地址：https://thenewstack.io/the-future-of-kubernetes-is-serverless/。

容器是一个非常好的技术，很容易得到开发人员的青睐，但是开发人员的最爱还是他们所写的代码和程序。开发人员之所以喜欢容器，是因为容器让他们所编写的程序可以更快速、更方便地运行在不同的环境中。Serverless FaaS 平台的逻辑单元是函数。OpenWhisk、Kubeless 及 Fission 等平台屏蔽了底层容器细节，用户可以专注于代码，用户部署的是代码或代码压缩包。但是由于容器的流行，也有一些其他平台（如 OpenFaaS、Knative 及 Hyper.sh Func 等）以容器作为 Serverless 平台的部署格式。以具体的代码还是以容器作为部署格式有着各自的优缺点，究竟哪一种理念会更加流行，需要时间来证明。

11.5　本章小结

本章探讨了 Serverless 架构在实践时所需要注意的问题。在落地 Serverless 架构时，一方面需要有一个稳健的 Serverless 技术平台作为支撑，该平台可以是公有云平台，也可以是私有云平台或混合云，每一种选择都有各自的优缺点。另一个重要的方面是团队的建设，一支对 Serverless 架构有正确的理解并掌握所需技能的技术队伍是 Serverless 架构转型的有力保障。在架构转型的过程中，要注意在开发模式及设计原则方面的变化，根据 Serverless 架构的特点进行设计和管理。

　　目前，Serverless 还是一个相对较新的技术领域，还在不断高速地向前演进。当选择 Serverless 这一技术路线后，需要不断跟进这个领域的最新发展动向，以确保中在这场技术变革中总是走在正确的道路上。从这几年的发展来看，Serverless 架构在不断完善，Serverless 应用的开发和运维也变得越来越简单和高效。

后　记

感谢你耐心地读完本书。衷心希望本书能使你对 Serverless 这一新兴的技术领域有一个更清晰和系统的认识。Serverless 架构的核心思想是"去基础架构"，让用户可以更专注于业务逻辑的实现。利用现代云平台的能力，用户更容易开发出可以响应业务变化的应用。通过 Serverless 架构，可以让应用开发的效率更高。新的想法和创意可以更快地变成线上运行的服务并为最终用户服务，从而为企业和组织创造价值。

Serverless 是云计算发展过程中的产物。我们认识和思考 Serverless 架构时需要结合云计算的时代背景。要正确地理解云计算中各类技术和理念与 Serverless 的关系，如容器和 Serverless 都是当前云计算领域中的热门技术，容器的出现将推进 Serverless 发展的进程，成为 Serverless 实现的一种重要的技术基础。另一方面，在 Serverless 理念的影响下，容器服务也出现了新的形态，从传统的 CaaS 进化成为管理成本更低的 Serverless 容器服务。目前许多企业和组织都在推进自己的云计算战略，正确理解 Serverless 与各项技术的关系，是设定企业技术架构发展战略的一个重要基础。要理解各种技术的优势与劣势，认清它们分别适合哪一种业务场景以及如何配合以便使企业的生产力得到最大的提升。

要深入了解一样东西需要从多个层次和多个方面入手。在了解 Serverless 架构的理念的基础上，本书介绍了公有云和私有云领域的一些 Serverless 服务、平台、框架和工具的实现。介绍这些工具并不仅仅是为了让读者了解它们的具体用法，更重要的是通过对这些具体技术的介绍，让读者了解 Serverless 理念是如何实现的，在了解不同实现的基础上形成对比，比如，针对某一功能，不同的平台和框架实现思路的差异。通过这些对比，读者可以进一步思考为什么有差异，以及各种实现的优缺点是什么。

Serverless 这个领域还在不断地快速发展，也不断有新的理念和技术涌现。衷心希望本书能成为你继续深入了解和实践 Serverless 架构的助跑器，帮助你抓住 Serverless 这场技术变革中所蕴含的机会。

陈耿